高等院校21世纪课程教材

College Textbook Series for 21st Century

大学物理实验

（第3版）

主　编　刘道军
副主编　张　季　吴　永
参编人员（按姓氏笔画排序）
　　　　刘道军　吴　永　张　季
　　　　张英华　芮品淑　周　建
　　　　程　冬

北京师范大学出版集团
BEIJING NORMAL UNIVERSITY PUBLISHING GROUP
安徽大学出版社

内容提要

本教材以教育部颁发的《高等工业学校物理实验课程教学基本要求》为纲领，结合部分高校专业设置特点和实验设备的具体情况，在多年教学实践的基础上编写而成。本书共分为7章：第一章是测量误差与数据处理，主要介绍测量误差与数据处理的基本知识。在误差估算中适度地引进了"不确定度"的概念，且做了必要的简化处理，使之既能让学生逐步学会用不确定度对直接测量和间接测量的结果进行评估，又能使物理实验教学跟上当前误差理论研究和应用的发展趋势。第二、三、四、五、六章分别是力学部分、热学部分、电磁学部分、光学部分及近代物理部分的实验内容，主要是面对理工类非物理专业开设的实验项目，涵盖了物理学的各个领域，同时包括了基础性、综合性、研究性或设计性等各种类型实验，共20项，可供高校部分专业选做。第七章是演示实验。本章编写的演示实验具有很强的趣味性、时代性和科普性，面向的学生也很广泛，既能激发理工科学生的好奇心，提高学习效率，又能对文科生起到科普教育的作用。

图书在版编目(CIP)数据

大学物理实验/刘道军主编. —3版. —合肥:安徽大学出版社,2016.8(2024.1重印)

ISBN 978-7-5664-1173-0

Ⅰ.①大… Ⅱ.①刘… Ⅲ.①物理学—实验—高等学校—教材 Ⅳ.①O4-33

中国版本图书馆CIP数据核字(2016)第192035号

大学物理实验（第3版）　　　　　刘道军　主编

出版发行：	北京师范大学出版集团 安 徽 大 学 出 版 社 (安徽省合肥市肥西路3号 邮编230039) www.bnupg.com www.ahupress.com.cn	
印　　刷：	安徽省人民印刷有限公司	
经　　销：	全国新华书店	
开　　本：	710 mm×1010 mm　1/16	
印　　张：	14.25	
字　　数：	263千字	
版　　次：	2016年8月第3版	
印　　次：	2024年1月第6次印刷	
定　　价：	39.00元	

ISBN 978-7-5664-1173-0

策划编辑：刘中飞　武溪溪		装帧设计：张　季	
责任编辑：武溪溪		美术编辑：李　军	
责任印制：赵明炎			

版权所有　　侵权必究

反盗版、侵权举报电话：0551-65106311
外埠邮购电话：0551-65107716
本书如有印装质量问题，请与印制管理部联系调换。
印制管理部电话：0551-65106311

前言

物理学是研究物质运动一般规律和物质基本结构的学科。物理学研究的领域大至宇宙，小至基本粒子，是用数学语言表述的一门精密的自然科学学科。同时，物理学也是一门实证学科，物理实验成为检验理论正确性的唯一标准，其在理论建构和理论检验中起到了举足轻重的作用。大学物理实验课程作为高等院校基础实践教学的一个重要组成部分，对学生实践能力和创新能力的培养大有裨益，特别是对非物理专业的理工科学生，该课程的学习对他们专业课的学习起到了直接的帮助作用。

《大学物理实验（第3版）》是在第1版和第2版的基础上修订而成的。此次修订，编委会调研了部分高校专业设置和物理实验课程开设的具体情况，听取了同行专家在前两版使用过程中提出的意见和建议后，经过认真分析研究，修改优化了部分章节内容，同时也加入了编者在多年教授实验过程中总结的一些原创性心得和设计，使之更加科学、实用。第3版教材还吸取了前两版的优点，在内容编写上，使学生在实验知识、方法、技能和误差分析与数据处理等各方面都能够得到循序渐进的系统训练，可以达到培养学生实验能力、提高实验素养的目的。同时，基础性实验编写得比较细致、具体，给出了有关的数据记录表格、数据处理要求以及误差计算和结果表达形式，以便学生参考学习。在综合性、研究性实验中，重点突出实验原理和思路，将一些细节问题留给学生去思考和探索，从而加强对学生的创新意识、创新精神和创新能力的培养。

本书共分为7章:第一章是测量误差与数据处理,主要介绍测量误差与数据处理的基本知识。在误差估算中适度地引进了"不确定度"的概念,且做了必要的简化处理,使之既能让学生逐步学会用不确定度对直接测量和间接测量的结果进行评估,又能使物理实验教学跟上当前误差理论研究和应用的发展趋势。第二、三、四、五、六章分别是力学部分、热学部分、电磁学部分、光学部分及近代物理部分的实验内容,主要是面对理工类非物理专业开设的实验项目,涵盖了物理学的各个领域,同时包括了基础性、综合性、研究性或设计性等各种类型实验,共20项,可供高校部分专业选做。第七章是演示实验。本章编写的演示实验具有很强的趣味性、时代性和科普性,面向的学生也很广泛,既能激发理工科学生的好奇心,提高学习效率,又能对文科生起到科普教育的作用。这也体现了现代高等教育的特色,在培养应用型人才的同时也兼顾通识教育和科普素质教育。所以,本章在内容编写上没有复杂深奥的数学公式、晦涩难懂的专业术语,通篇力求通俗易懂。

《大学物理实验(第3版)》由刘道军担任主编,张季、吴永担任副主编,程冬、张英华、芮品淑和周建参与编写。在本书编写过程中得到了相关部门的高度重视和大力支持,在此表示衷心的感谢!

编写适合教学需要的教材本身就是一种长期探索的过程,加之编者水平有限,书中难免有疏漏之处,恳请读者批评指正。

编　者

2016 年 6 月

CONTENTS

前　言 ··· 1

第一章　测量误差与数据处理 ·· 1

　　第一节　测量与误差的关系 ··· 1
　　第二节　测量结果的评定和不确定度 ··· 7
　　第三节　有效数字及其运算法则 ·· 15
　　第四节　数据处理 ·· 18

第二章　力学实验 ·· 34

　　实验一　基本测量 ·· 34
　　实验二　转动惯量的测量(三线摆法) ··· 40
　　实验三　气垫导轨验证动量守恒定律 ··· 45
　　实验四　杨氏模量的测量 ··· 49
　　实验五　声速测量 ·· 55

第三章　热学实验 ·· 61

　　实验六　金属比热容的测量(冷却法) ··· 61
　　实验七　导热系数的测量(冷却法) ·· 67
　　实验八　金属线胀系数的测量 ·· 72

第四章　电磁学实验 ……………………………………………………… 75

实验九　电子元件的伏安特性研究 ………………………………… 75
实验十　模拟法测绘静电场 ………………………………………… 80
实验十一　惠斯通电桥法测量中值电阻 …………………………… 86
实验十二　双臂电桥法测量低值电阻 ……………………………… 89
实验十三　示波器使用 ……………………………………………… 94
实验十四　RLC 电路设计 …………………………………………… 108
实验十五　电源电动势的测量（补偿法） …………………………… 141
实验十六　亥姆赫兹线圈磁场的测量 ……………………………… 145

第五章　光学实验 …………………………………………………………… 152

实验十七　分光计调整与三棱镜顶角的测量 ……………………… 152
实验十八　迈克尔逊干涉 …………………………………………… 162

第六章　近代物理实验 ……………………………………………………… 169

实验十九　密立根油滴 ……………………………………………… 169
实验二十　光电效应 ………………………………………………… 181

第七章　演示实验 …………………………………………………………… 187

实验二十一　飞机升力 ……………………………………………… 187
实验二十二　共振环 ………………………………………………… 188
实验二十三　回转定向仪 …………………………………………… 190
实验二十四　龙卷风模拟 …………………………………………… 192
实验二十五　锥体上滚 ……………………………………………… 194
实验二十六　声聚焦 ………………………………………………… 195
实验二十七　记忆合金 ……………………………………………… 196
实验二十八　雅各布天梯 …………………………………………… 198
实验二十九　涡流热效应 …………………………………………… 199
实验三十　安培力 …………………………………………………… 201

实验三十一　静电现象 …………………………………………… 203

实验三十二　楞次跳环 …………………………………………… 208

实验三十三　超导磁悬浮 ………………………………………… 210

实验三十四　激光琴 ……………………………………………… 212

实验三十五　穿墙而过 …………………………………………… 213

实验三十六　辉光球 ……………………………………………… 215

实验三十七　杨氏双缝干涉 ……………………………………… 217

参考文献 ………………………………………………………………… 220

第一章

测量误差与数据处理

第一节 测量与误差的关系

一、测量

测量是借助仪器,通过一定的方法,将待测量与一个选作标准单位的同类量进行比较的过程,其比值即是该待测量的测量值.记录下来的测量结果应该包含测量值的大小和单位,二者缺一不可.按照测量的方式,测量可分为直接测量和间接测量两类.

1. 直接测量

直接测量是指待测物理量的大小可以从选定好的测量仪器或仪表上直接读出来的测量,相应的待测物理量称为直接测量量.例如,用米尺测长度,用秒表测时间,用温度计测温度等.

2. 间接测量

间接测量是指待测物理量需要根据其他直接测量的物理量的值,通过一定的函数关系(一般为物理概念、定理、定律)计算出来的测量过程,相应的待测物理量称为间接测量量.例如,先测量出圆柱体的底面直径 D 和高度 h,再利用公式 $V=1/4\pi D^2 h$ 可计算其体积. 在这一测量中,对 D 和 h 是直接测量,对 V 则是间接测量. 在实验中我们发现,直接测量是间接测量的基础.然而,对一个给定的待测物理量,它是属于直接测量量,还是属于间接测量量,与待测量本身没有直接联系,而是取决于实验方法的采用和实验仪器、仪表的选用.比如,用伏安法测电阻时,电阻是间接测量量;而当使用欧姆表和电桥作测量仪器时,电阻为直接测量量.

人们对自然现象的研究,不仅要进行定性的观察,还必须通过各种测量进行定量描述.在实验中,待测量的数值形式常常是不能以有限位的数来表示的;又由于人们认识能力的不足和科学水平的限制,实验中测得的值与它的真值并不一致,这种矛盾在数值上的表现即为误差.随着科学水平的提高和人们的经验、技巧及专业知识的丰富,误差可以控制得越来越小,但不能做到使误差为零,误差始终存在于一切科学实验的过程中.

由于误差歪曲了事物的客观形象,但它们又必然存在,所以我们就必须分析各类误差产生的原因及其性质,从而制定控制误差的有效措施,正确处理各种数据,以求得正确的结果.

研究实验误差,不仅使我们能正确鉴定实验结果,还能指导我们正确地组织实验,如合理地设计仪器、选用仪器及选定测量方法等,这样可以使我们能以最经济的方式获得最有利的效果.

二、误差的定义

1. 误差的定义

误差表示给出值与真值的差量,它是指一个实验的估计不准度.给出值是指测量值、标示值、标称值、近似值等给出的非真值;真值是指在某一时刻和某一位置,或某一状态某量的客观值或实标值.

2. 真值的分类

真值可以分成下面几类.

(1) 理论真值.如平面三角形三个内角和为180°,同一量自身之差为零.

(2) 计量学约定真值.

如长度单位:米(m)——1 m 等于光在真空中 1/299792458 秒的时间内所通过的距离.

时间单位:秒(s)——1 s 是铯 133 原子基态的两个超精细能级之间跃迁所对应的辐射的 9192631770 个周期的持续时间.

电流强度单位:安培(A)——1 A 是指处在真空中相距 1 m 的两根无限长而圆截面可忽略的平行直导线通以恒定电流 I,当它们之间每单位长度的作用力为 2×10^{-7} N·m 时,I 的大小.

温度单位:开尔文(K)——1 K 是水的三相点热力学温度的 1/273.16.

(3) 标准器相对真值.高一级标准器的误差与低一级标准器或普通仪器的误差相比为 1/5(或者 1/8~1/10)时,则可以认为前者是后者的相对真值.

3. 误差的种类

误差一般又可分为平均误差、相对误差、标准误差和可几误差.

(1) 平均误差.在一组测量中,测得值为 $X_1, X_2, \cdots, X_n$,其真值为 X_0,则平

均误差定义为

$$\delta = \frac{\sum_{i=1}^{n} |X_i - X_0|}{n}$$

它反映测得值离真值的大小,故又称绝对误差.在多次测量中,可用平均值代替真值,而平均值为

$$\overline{X} = \frac{1}{n} \sum_{i=1}^{n} X_i$$

(2)相对误差.例如,用一频率计测量准确值为 100 kHz 的频率源,测得值为 101 kHz,测量误差为 1 kHz.又用波长表测量一准确值为 1 MHz 的标准频率源,测得值为 1.001 MHz,其误差也为 1 kHz.上面两个测量,从误差的绝对量来说是一样的,但它们是在不同频率点上测量的,它们的准确度是不同的.为描述测量的准确度而引入相对误差的概念,我们定义:

相对误差 = 误差 ÷ 真值(一般用百分数表示)

在测量中,经常使用电气仪表,电气仪表的准确度分为 0.1,0.2,0.5,1.0,1.5,2.5 和 5.0 七级,若仪表为 S 级,则用该仪表测量时绝对误差为:绝对误差 $\leq X_S \times S\%$,X_S 为满刻度值;相对误差 $\leq \frac{X_S}{X} \times S\%$,故当 X 越接近于 X_S 时,其测量准确度越高,相对误差越小.这就是人们利用这类仪表时,尽可能在仪表满刻度 2/3 以上量程内测量的原因.所以,测量的准确度不仅决定于仪表的准确度,还决定于量程的选择.如用某一 0.5 级、量程为 0~300 V 的电压表和某一 1.0 级、量程为 0~100 V 的电压表测量某一接近 100 V 的电压,问哪个测量较为准确呢?

$$\delta_{0.5} = \frac{X_S}{X} \times S\% = \frac{300}{100} \times 0.5\% = 1.5\%$$

$$\delta_{1.0} = \frac{X_S}{X} \times S\% = \frac{100}{100} \times 1.0\% = 1.0\%$$

故若量程选择恰当,用 1.0 级表进行测量也会得到比 0.5 级表测量更为准确的结果.

(3)标准误差.标准误差也称为方根误差,定义为

$$\delta = \sqrt{\frac{\sum_{i=1}^{n} (X_i - X_0)^2}{n}}$$

在有限次测量中常用 $\delta = \sqrt{\dfrac{\sum_{i=1}^{n}(X_i - X_0)^2}{n-1}}$ 来表示,一般利用标准误差来表示

精密度.

(4)可几误差. 可几误差也称为必然误差,它的意义为:在一组测量中,若不计正负号,误差大于 r 的测量值与误差小于 r 的测量值的数目各占一半. 可几误差 r 与标准误差 δ 的关系为

$$r = 0.6745\delta$$

三、误差来源

1. 装置误差

(1)标准器误差. 标准器是提供标准量的器具,如标准电池、标准电阻、标准钟等. 它们本身体现的量都有误差.

(2)仪表误差. 如电表、天平、游标等本身的误差.

(3)附件误差. 进行测量时所使用的辅助附件,如开关、电源、连接导线所引起的误差称为附件误差.

2. 环境误差

由于各种环境因素(如温度、湿度、气压、震动、照明、电磁场等)与要求的标准状态不一致,及其在空间上的梯度随时间的变化,致使测量装置和待测量本身的变化所引起的误差称为环境误差.

3. 人员误差

测量者生理上的最小分辨力、感官的生理变化、反应速度和固有习惯所引起的误差称为人员误差.

4. 方法误差

(1)经验公式、函数类型选择的近似性及公式中各系数确定的近似值所引起的误差.

(2)在推导测量结果表达式中没有得到反映,而在测量过程中实际起作用的一些因素引起的误差,如漏电、热电势、引线电阻等一些因素引起的误差.

(3)由于知识不足或研究不充分引起的误差.

四、误差的分类

1. 系统误差

在同一条件下,多次测量同一量时,误差的绝对值和符号保持恒定或在条件改变时,按某一确定规律变化的误差称为系统误差,它的特点是具有确定性.

实验条件一经确定,系统误差就获得一个客观上的恒定值. 多次测量的平均值也不能削弱它的影响,改变实验条件或改变测量方法可以发现系统误差,可以通过修正予以消除.

2. 偶然误差

在同一条件下多次测量同一量时,误差的绝对值和符号随机变化,它的特点是具有随机性,没有一定规律,时大时小,时正时负,不能判定.

由于偶然误差具有偶然的性质,不能预先知道,因而也就无法从测量过程中予以修正或把它加以消除,但是偶然误差在多次重复测量中服从统计规律,在一定条件下,可以用增加测量次数的方法加以控制,从而减少它对测量结果的影响.

3. 过失误差(粗大误差)

明显歪曲测量结果的误差,称为过失误差(粗大误差).这是由于测量者在测量和计算中方法不合理,粗心大意,记错数据所引起的误差.只要实验者采取严肃认真的态度,这类误差是可以避免的.

五、精度

不准确或不精确度是指给出值偏离真值的程度,它与误差的大小相对应,习惯上称为准确度,其含义乃是不准确之意.

"精度"一词可细分为精密度、准确度和精确度.

1. 精密度

精密度表示一组测量值的偏离程度,或者说,多次测量时,表示测得值重复性的高低.如果多次测量的值都互相很接近,即偶然误差小,则称为精密度高.由此可见,精密度与偶然误差相联系.

2. 准确度

准确度表示一组测量值与真值的接近程度.测量值与真值越接近,系统误差越小,其准确度越高,所以准确度与系统误差相联系.

3. 精确度

它反映系统误差与偶然误差合成大小的程度.在实验测量中,精密度高的,准确度不一定高;准确度高的,精密度不一定高;但精确度高的,精密度和准确度都高.精密度与准确度的关系对应如图 1-1-1 所示.

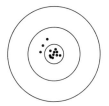
精密度高,准确度高

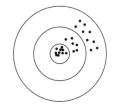
精密度高,准确度不高

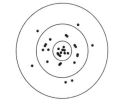
精密度不高,准确度不高

图 1-1-1　精密度与准确度的关系对应图

六、误差的传递

测量结果可直接从测量值得出的测量称为直接测量. 通过对与待测量有一定函数关系的量进行直接测量,然后利用函数关系计算出待测量大小的测量方法称为间接测量. 既然公式中所包含的直接测量都有误差,那么,间接测量也必然存在误差,这就是误差的传递. 设间接测量量 Y 与 n 个直接测量量 $X_1,X_2,\cdots,X_n$ 有关, dX_1、dX_2,$\cdots$,dX_n 表示各对应量的绝对误差,则绝对误差为

$$dY = \sum_{i=1}^{n} \left| \frac{\partial Y}{\partial X_i} \right| |dX_i|$$

相对误差为

$$E = \frac{dY}{Y} = \frac{\sum_{i=1}^{n} \left| \frac{\partial Y}{\partial X_i} \right| |dX_i|}{Y}$$

(1) 间接测量量的绝对误差等于各直接测量量所决定的函数的全微分,并应取所有偏微分绝对值的和.

(2) 间接测量量的相对误差等于各直接测量量的偏微分与原函数比值的绝对值之和.

七、误差的处理

由于误差的存在,测量值可能比真值大,也可能比真值小,故在可能的情况下,总是采用多次重复测量的方法,然后取其平均值,这个平均值必然更接近其真值.

设在相同条件下对某一物理量 X 进行 n 次重复测量,其测量值分别为 X_1, X_2,$\cdots$,X_n,则其平均值为

$$\overline{X} = \frac{1}{n} \sum_{i=1}^{n} X_i$$

若为多次测量,则用多次测量的平均值代替真值.

平均偏差为

$$\Delta X = \frac{1}{n} \sum_{i=1}^{n} |X_i - \overline{X}|$$

相对误差为

$$E = \frac{\Delta X}{\overline{X}} (\%)$$

标准误差为

$$\delta = \sqrt{\frac{\sum_{i=1}^{n} |X_i - \overline{X}|^2}{n-1}}$$

下面将实验中常用的间接测量和直接测量的函数关系及根据这些关系推导出的误差公式列表如下:

序号	数学运算关系 $\alpha = f(A,B,C,\cdots)$	误差	公式
1		绝对误差 $\alpha = \Delta\alpha$	相对误差 $E = \dfrac{\Delta\alpha}{\alpha}$
2	$\alpha = A+B+C+\cdots$	$\Delta A + \Delta B + \Delta C + \cdots$	$\dfrac{\Delta A + \Delta B + \Delta C + \cdots}{A+B+C+\cdots}$
3	$\alpha = A-B$	$\Delta A + \Delta B$	$\dfrac{\Delta A + \Delta B}{A-B}$
4	$\alpha = A \cdot B \cdot C$	$BC\Delta A + CA\Delta B + AB\Delta C$	$\dfrac{\Delta A}{A} + \dfrac{\Delta B}{B} + \dfrac{\Delta C}{C}$
5	$\alpha = \dfrac{A}{B}$	$\dfrac{B\Delta A + A\Delta B}{B^2}$	$\dfrac{\Delta A}{A} + \dfrac{\Delta B}{B}$
6	$\alpha = nA$	$n\Delta A$	$\dfrac{\Delta A}{A}$
7	$\alpha = A^n$	$nA^{n-1}\Delta A$	$n\dfrac{\Delta A}{A}$
8	$\alpha = \sqrt[n]{A}$	$\dfrac{1}{n}A^{(\frac{1}{n}-1)}\Delta A$	$\dfrac{1}{n}\dfrac{\Delta A}{A}$
9	$\alpha = \sin A$	$\cos A \cdot \Delta A$	$\mathrm{ctg}A \cdot \Delta A$
10	$\alpha = \cos A$	$\sin A \cdot \Delta A$	$\mathrm{tg}A \cdot \Delta A$
11	$\alpha = \mathrm{tg}A$	$\dfrac{\Delta A}{\cos^2 A}$	$\dfrac{2\Delta A}{\sin 2A}$
12	$\alpha = \mathrm{ctg}A$	$\dfrac{\Delta A}{\sin^2 A}$	$\dfrac{2\Delta A}{\sin 2A}$

第二节 测量结果的评定和不确定度

测量时不但要测量待测物理量的近似值,而且要对近似真实值的可靠性做出评定(即指出误差范围),这就要求我们还必须掌握不确定度的有关概念.下面将结合测量结果的评定对不确定度的概念、分类、合成等问题进行讨论.

一、不确定度的含义

在物理实验中对测量结果做出综合评定,常常采用不确定度的概念.不确定度是"误差可能数值的测量程度",表征所得测量结果代表待测量的程度,也就是因测量误差存在而对待测量不能肯定的程度,因而是测量质量的表征,用不确定度可以对测量数据做出比较合理的评定.对一个物理实验的具体数据来说,不确定度是指测量值(近真值)附近的一个范围,测量值与真值之差(误差)可能落于其中,不确定度小,测量结果可信赖程度高;不确定度大,测量结果可信赖程度低.在实验和测量工作中,不确定度近似于不确知、不明确、不可靠、有质疑,是对估计而言的;因为误差是未知的,不可能用指出误差的方法去说明可信赖程度,只能用误差的某种可能的数值去说明可信赖程度,所以不确定度更能表示测量结果的性质和测量的质量.用不确定度评定实验结果的误差,其中包含了各种来源不同的误差对测量结果的影响,它们的计算又反映了这些误差所服从的分布规律,并能更准确地表述测量结果的可靠程度.

二、测量结果的表示和合成不确定度

在物理实验中,要表示出测量的最终结果.这个结果既要包含待测量的近似真实值 $\bar{x}$,又要包含测量结果的不确定度 σ,还要反映出该物理量的单位.因此,要写成物理含意深刻的标准表达形式,即

$$x = \bar{x} \pm \sigma (单位)$$

式中,x 为待测量,$\bar{x}$ 是测量的近似真实值,σ 是合成不确定度,一般保留一位有效数字.这种表达形式反映了三个基本要素:测量值、合成不确定度和单位.

在物理实验中,直接测量时若不需要对待测量进行系统误差的修正,一般就取多次测量的算术平均值 $\bar{x}$ 作为近似真实值;若在实验中有时只需测一次或只能测一次,该次测量值就为待测量的近似真实值.如果要求对待测量进行系统误差的修正,通常是将系统误差(即绝对值和符号都确定的可估计出的误差分量)从算术平均值 $\bar{x}$ 或一次测量值中减去,从而求得被修正后的直接测量结果的近似真实值.例如,用螺旋测微器来测量长度时,从待测量结果中可直接减去螺旋测微器的零误差.在间接测量中,$\bar{x}$ 即为待测量的计算值.

在测量结果的标准表达式中,给出了一个范围 $(\bar{x}-\sigma) \sim (\bar{x}+\sigma)$,它表示待测量的真值在 $(\bar{x}-\sigma) \sim (\bar{x}+\sigma)$ 范围之间的概率为 68.3%. 不要误认为真值一定就会落在 $(\bar{x}-\sigma) \sim (\bar{x}+\sigma)$ 之间,认为误差在 $-\sigma \sim +\sigma$ 之间是错误的.

在上述的标准式中,近似真实值、合成不确定度和单位三个要素缺一不可,否则就不能全面表达测量结果.同时,近似真实值 $\bar{x}$ 的末尾数应该与不确定度的所在位数对齐,近似真实值 $\bar{x}$ 与不确定度 σ 的数量级、单位要相同.在实验中,测量结果的正确表示是一个难点,要引起重视,注意纠正,培养良好的实验习惯,正确书写测量结果的标准形式.

在不确定度的合成问题中,主要是从系统误差和随机误差等方面进行综合

考虑,提出了统计不确定度和用非统计不确定度的概念.合成不确定度 σ 是由不确定度的两类分量(A 类和 B 类)求"方和根"计算而得.为使问题简化,本书只讨论简单情况下(即 A 类、B 类分量保持各自独立变化,互不相关)的合成不确定度. A 类不确定度(统计不确定度)用 S_i 表示,B 类不确定度(非统计不确定度)用 σ_B 表示,合成不确定度为

$$\sigma = \sqrt{S_i^2 + \sigma_B^2}$$

三、合成不确定度的两类分量

物理实验中的不确定度,一般主要来源于测量方法、测量人员、外界环境、测量对象变化等.计算不确定度是把可修正的系统误差修正后,将各种来源的误差按计算方法分为两类,即用统计方法计算的不确定度(A 类)和用非统计方法计算的不确定度(B 类).

1. A 类

统计不确定度是指可以采用统计方法(即具有随机误差性质)计算的不确定度,如测量读数具有分散性,测量时温度波动影响等.这类统计不确定度通常认为是服从正态分布规律的,因此可以像计算标准偏差那样,用贝塞尔公式计算待测量的 A 类不确定度. A 类不确定度 S_i 为

$$S_i = \sqrt{\frac{\sum_{i=1}^{n}(x_i - \overline{x})^2}{n-1}} = \sqrt{\frac{\sum_{i=1}^{n}\Delta x_i^2}{n-1}}$$

式中,$i=1,2,3,\cdots,n$,表示测量次数.

在计算 A 类不确定度时,也可以用最大偏差法、极差法、最小二乘法等,本书只采用贝塞尔公式法,并且着重讨论读数分散对应的不确定度.用贝塞尔公式计算 A 类不确定度,可以用函数计算器直接计算、读取,十分方便.

2. B 类

非统计不确定度是指用非统计方法求出或评定的不确定度,如实验室中的测量仪器不准确、量具磨损老化等.评定 B 类不确定度常采用估计法,要估计适当,需要确定分布规律,同时要参照标准,更需要估计者的实践经验、学识水平等.本书对 B 类不确定度的估计同样只做简化处理.仪器不准确的程度主要用仪器误差来表示,所以因仪器不准确对应的 B 类不确定度为

$$\sigma_B = \Delta_{仪}$$

式中,$\Delta_{仪}$ 为仪器误差或仪器的基本误差,或允许误差,或显示数值误差.一般的仪器说明书中都以某种方式注明仪器误差,这是制造厂或计量检定部门给定的.物理实验教学中,仪器误差由实验室提供.对于单次测量的随机误差,一般以最

大误差进行估计,以下分两种情况处理.

(1) 已知仪器准确度时,以其准确度作为误差大小.如一个量程 150 mA、准确度 0.2 级的电流表,测某一次电流,读数为 131.2 mA.为估计其误差,则按准确度 0.2 级可算出最大绝对误差为 0.3 mA,因而该次测量的结果可写成 $I=131.2\pm0.3$ mA.又如用物理天平称量某个物体的质量,当天平平衡时,砝码为 $P=145.02$ g,让游码在天平横梁上偏离平衡位置一个刻度(相当于 0.05 g),天平指针偏过 1.8 分度,则该天平这时的灵敏度为 $(1.8\div0.05)$ 分度/g,其感量(准确度)为 0.03 g/分度,这就是该天平称量物体质量时的准确度,测量结果可写成 $P=145.02\pm0.03$ g.

(2) 未知仪器准确度时,单次测量误差的估计应根据所用仪器的精密度、仪器灵敏度、测试者感觉器官的分辨能力以及观测时的环境条件等因素具体考虑,以使估计误差的大小尽可能地符合实际情况.一般来说,最大读数误差对连续读数的仪器可取仪器最小刻度值的一半,而无法进行估计的非连续读数的仪器,如数字式仪表,则取其最末位数的一个最小单位.

四、直接测量的不确定度

在对直接测量的不确定度的合成问题中,对 A 类不确定度主要讨论在多次测量条件下,读数分散对应的不确定度,并且用贝塞尔公式计算 A 类不确定度.对 B 类不确定度,主要讨论仪器不准确对应的不确定度,将测量结果写成标准形式.因此,实验结果的获得应包括待测量近似真实值的确定,A、B 两类不确定度以及合成不确定度的计算.增加重复测量次数对于减小平均值的标准误差、提高测量的精密度有利.但是,当重复测量次数增大时,平均值的标准误差减小渐为缓慢,当重复测量次数大于 10 时,平均值的减小便不明显了.通常取测量次数为 5~10,下面通过两个例子加以说明.

例 1 采用感量为 0.1 g 的物理天平称量某物体的质量,其读数值为 35.41 g,求物体质量的测量结果.

解 采用物理天平称量物体的质量,重复测量读数值往往相同,故一般只要进行单次测量即可.单次测量的读数即为近似真实值,$m=35.41$ g.

物理天平的"示值误差"通常取感量的一半,并且作为仪器误差,即

$$\sigma_B = \Delta_\text{仪} = 0.05(\text{g}) = \sigma$$

测量结果为

$$m = 35.41 \pm 0.05(\text{g})$$

在例 1 中,因为是单次测量($n=1$),合成不确定度 $\sigma=\sqrt{S_1^2+\sigma_B^2}$ 中的 $S_1=0$,所以 $\sigma=\sigma_B$,即单次测量的合成不确定度等于非统计不确定度.但是,这个结论

并不表明单次测量的 σ 就小,因为 $n=1$ 时,S_1 发散,其随机分布特征是客观存在的,测量次数 n 越大,置信概率就越高,因而测量的平均值就越接近真值.

例2 用螺旋测微器测量小钢球的直径,5次的测量值分别为
$$d(\text{mm}) = 11.922, 11.923, 11.922, 11.922, 11.922$$
螺旋测微器的最小分度数值为 $0.01\,\text{mm}$,试写出测量结果的标准式.

解 (1)直径 d 的算术平均值为
$$\overline{d} = \frac{1}{n}\sum_i^5 d_i = \frac{1}{5}(11.922 + 11.923 + 11.922 + 11.922 + 11.922)$$
$$= 11.922(\text{mm})$$

(2)螺旋测微器的仪器误差为
$$\Delta_{\text{仪}} = 0.005(\text{mm})$$
B类不确定度为
$$\sigma_B = \Delta_{\text{仪}} = 0.005(\text{mm})$$

(3)A类不确定度为
$$S_d = \sqrt{\frac{\sum_i^5 (d_i - \overline{d})^2}{n-1}}$$
$$= \sqrt{\frac{(11.922 - 11.922)^2 + (11.923 - 11.922)^2 + \cdots}{5-1}}$$
$$= 0.0005(\text{mm})$$

(4)合成不确定度
$$\sigma = \sqrt{S_d^2 + \sigma_B^2} = \sqrt{0.0005^2 + 0.005^2}$$
式中,由于 $0.0005 < \frac{1}{3} \times 0.005$,故可略去 S_d,于是
$$\sigma = 0.005(\text{mm})$$

(5)测量结果为
$$d = \overline{d} \pm \sigma = 11.922 \pm 0.005(\text{mm})$$

从例2中可以看出,当有些不确定度分量的数值很小时,相对而言,可以略去不计.在计算合成不确定度中求"方和根"时,若某一平方值小于另一平方值的 $\frac{1}{9}$,则这一项就可以略去不计,这一结论叫作微小误差准则.在进行数据处理时,利用微小误差准则可减少不必要的计算.不确定度的计算结果一般应保留一位有效数字,多余的位数按有效数字的修约原则进行取舍.评价测量结果时,有

时候需要引入相对不确定度的概念,相对不确定度定义为

$$E_\sigma = \frac{\sigma}{\overline{x}} \times 100\%$$

式中,E_σ 的结果一般应取 2 位有效数字. 此外,有时候还需要将测量结果的近似真实值 $\overline{x}$ 与公认值 $x_\text{公}$ 进行比较,得到测量结果的百分偏差 B,百分偏差定义为

$$B = \frac{|\overline{x} - x_\text{公}|}{x_\text{公}} \times 100\%$$

百分偏差的结果一般应取 2 位有效数字.

测量不确定度涉及广泛的知识领域和误差理论问题,大大超出了本课程的教学范围. 同时,有关它的概念、理论和应用规范还在不断地发展和完善. 因此,我们在教学中也在进行摸索,以期在保证科学性的前提下,尽量将方法进行简化,使初学者易于接受. 以后在工作需要时,可以参考有关文献进行深入学习.

五、间接测量结果的合成不确定度

间接测量的近似真实值和合成不确定度是由直接测量结果通过函数式计算出来的,既然直接测量有误差,那么间接测量也必有误差,这就是误差的传递. 由直接测量值及其误差来计算间接测量值的误差之间的关系式称为误差的传递公式. 设间接测量的函数式为

$$N = F(x, y, z, \cdots)$$

N 为间接测量量,它有 K 个直接测量的物理量 $x, y, z, \cdots$,各直接测量量的测量结果分别为

$$x = \overline{x} \pm \sigma_x$$
$$y = \overline{y} \pm \sigma_y$$
$$z = \overline{z} \pm \sigma_z$$
$$\cdots\cdots$$

(1) 若将各个直接测量量的近似真实值 $\overline{x}$ 代入函数表达式中,即可得到间接测量量的近似真实值.

$$\overline{N} = F(\overline{x}, \overline{y}, \overline{z}, \cdots)$$

(2) 求间接测量的合成不确定度时,由于不确定度均为微小量,相似于数学中的微小增量,对函数式 $N = F(x, y, z, \cdots)$ 求全微分,即得

$$dN = \frac{\partial F}{\partial x}dx + \frac{\partial F}{\partial y}dy + \frac{\partial F}{\partial z}dz + \cdots$$

式中,$dN, dx, dy, dz, \cdots$ 均为微小量,代表各变量的微小变化,dN 的变化由各自变量的变化决定,$\dfrac{\partial F}{\partial x}, \dfrac{\partial F}{\partial y}, \dfrac{\partial F}{\partial z}, \cdots$ 为函数对自变量的偏导数,记为 $\dfrac{\partial F}{\partial A_K}$. 将上面

全微分式中的微分符号 d 改写为不确定度符号 σ，并将微分式中的各项求"方和根"，即为间接测量的合成不确定度

$$\sigma_N = \sqrt{\left(\frac{\partial F}{\partial x}\sigma_x\right)^2 + \left(\frac{\partial F}{\partial y}\sigma_y\right)^2 + \left(\frac{\partial F}{\partial z}\sigma_z\right)^2 + \cdots} = \sqrt{\sum_{i=1}^{K}\left(\frac{\partial F}{\partial A_i}\sigma_{A_i}\right)^2} \quad (1)$$

K 为直接测量量的个数，A 代表 $x,y,z,\cdots$ 各个自变量（直接观测量）.

上式表明，间接测量的函数式确定后，测出它所包含的直接测量量的结果，将各个直接测量量的不确定度 σ_{A_K} 乘以函数对各变量（直测量）的偏导数 $\left(\frac{\partial F}{\partial A_K}\sigma_{A_K}\right)$ 求"方和根"，即 $\sqrt{\sum_{i=1}^{K}\left(\frac{\partial F}{\partial A_i}\sigma_{A_i}\right)^2}$ 就是间接测量结果的不确定度.

当间接测量的函数表达式为"积和商"（或含和差的积商形式）的形式时，为了使运算简便，可以先将函数式两边同时取自然对数，然后求全微分，即

$$\frac{\mathrm{d}N}{N} = \frac{\partial \ln F}{\partial x}\mathrm{d}x + \frac{\partial \ln F}{\partial y}\mathrm{d}y + \frac{\partial \ln F}{\partial z}\mathrm{d}z + \cdots$$

同样改写微分符号为不确定度符号，再求其"方和根"，即为间接测量的相对不确定度 E_N，即

$$E_N = \frac{\sigma_N}{N} = \sqrt{\left(\frac{\partial \ln F}{\partial x}\sigma_x\right)^2 + \left(\frac{\partial \ln F}{\partial y}\sigma_y\right)^2 + \left(\frac{\partial \ln F}{\partial z}\sigma_z\right)^2 + \cdots}$$

$$= \sqrt{\sum_{i=1}^{K}\left(\frac{\partial \ln F}{\partial A_i}\sigma_{A_i}\right)^2} \quad (2)$$

已知 E_N 和 $\overline{N}$，由（2）式可以求出合成不确定度为

$$\sigma_N = \overline{N} \cdot E_N \quad (3)$$

这样在计算间接测量的统计不确定度时，特别对函数表达式很复杂的情况，尤其显示出它的优越性. 今后在计算间接测量的不确定度时，对函数表达式仅为"和差"形式，可以直接利用（1）式，求出间接测量的合成不确定度 σ_N；若函数表达式为"积和商"（或积商和差混合）等较为复杂的形式，可直接采用（2）式，先求出相对不确定度，再求出合成不确定度 σ_N.

例 3 已知电阻 $R_1 = 50.2 \pm 0.5(\Omega)$，$R_2 = 149.8 \pm 0.5(\Omega)$，求它们串联的电阻 R 和合成不确定度 σ_R.

解 串联电阻的阻值为

$$R = R_1 + R_2 = 50.2 + 149.8 = 200.0(\Omega)$$

合成不确定度

$$\sigma_R = \sqrt{\sum_i^2 \left(\frac{\partial R}{\partial R_i}\sigma_{Ri}\right)^2} = \sqrt{\left(\frac{\partial R}{\partial R_1}\sigma_1\right)^2 + \left(\frac{\partial R}{\partial R_2}\sigma_2\right)^2}$$

$$= \sqrt{\sigma_1^2 + \sigma_2^2} = \sqrt{0.5^2 + 0.5^2} = 0.7(\Omega)$$

相对不确定度

$$E_R = \frac{\sigma_R}{R} = \frac{0.7}{200.0} \times 100\% = 0.35\%$$

测量结果为

$$R = 200.0 \pm 0.7(\Omega)$$

在例 3 中，由于 $\frac{\partial R}{\partial R_1} = 1, \frac{\partial R}{\partial R_2} = 1$，$R$ 的总合成不确定度为各个直接观测量的不确定度平方求和后再开方.

间接测量的不确定度计算结果一般应保留 1 位有效数字，相对不确定度一般应保留 2 位有效数字.

例 4 测量金属环的内径 $D_1 = 2.880 \pm 0.004(\text{cm})$，外径 $D_2 = 3.600 \pm 0.004(\text{cm})$，厚度 $h = 2.575 \pm 0.004(\text{cm})$. 试求环的体积 V 和测量结果.

解 环的体积公式为

$$V = \frac{\pi}{4} h (D_2^2 - D_1^2)$$

(1) 环体积的近似真实值为

$$\begin{aligned} V &= \frac{\pi}{4} h (D_2^2 - D_1^2) \\ &= \frac{3.1416}{4} \times 2.575 \times (3.600^2 - 2.880^2) = 9.436(\text{cm}^3) \end{aligned}$$

(2) 首先将环体积公式两边同时取自然对数后，再求全微分

$$\ln V = \ln\left(\frac{\pi}{4}\right) + \ln h + \ln(D_2^2 - D_1^2)$$

$$\frac{dV}{V} = 0 + \frac{dh}{h} + \frac{2D_2 dD_2 - 2D_1 dD_1}{D_2^2 - D_1^2}$$

则相对不确定度为

$$\begin{aligned} E_V &= \frac{\sigma_V}{V} = \sqrt{\left(\frac{\sigma_h}{h}\right)^2 + \left(\frac{2D_2 \sigma_{D_2}}{D_2^2 - D_1^2}\right)^2 + \left(\frac{-2D_1 \sigma_{D_1}}{D_2^2 - D_1^2}\right)^2} \\ &= \left[\left(\frac{0.004}{2.575}\right)^2 + \left(\frac{2 \times 3.600 \times 0.004}{3.600^2 - 2.880^2}\right)^2 + \left(\frac{-2 \times 2.880 \times 0.004}{3.600^2 - 2.880^2}\right)^2\right]^{\frac{1}{2}} \\ &= 0.0081 = 0.81\% \end{aligned}$$

(3) 总合成不确定度为

$$\sigma_V = V \cdot E_V = 9.436 \times 0.0081 = 0.08(\text{cm}^3)$$

(4) 环体积的测量结果为

$$V = 9.44 \pm 0.08(\text{cm}^3)$$

V 的标准式中，$V = 9.436 \text{ cm}^3$ 应与不确定度的位数取齐，因此，将小数点后的第三位数 6，按照数字修约原则进到百分位，故为 9.44 cm^3.

间接测量结果的误差常用两种方法来估计：算术合成（最大误差法）和几何合成（标准误差）．误差的算术合成将各误差取绝对值相加，从最不利的情况考虑，误差合成的结果是间接测量的最大误差，因此是比较粗略的，但计算较为简单，它常用于误差分析、实验设计或粗略的误差计算中；上面的例子采用的是几何合成的方法，计算比较麻烦，但误差的几何合成较为合理.

第三节　有效数字及其运算法则

物理实验中经常要记录很多测量数据，这些数据能反映出待测量实际大小的全部数字，即有效数字．但是在实验观测、读数、运算与最后得出的结果中，能反映待测量实际大小的数字中哪些应予以保留，哪些不应当保留，与有效数字及其运算法则有关．前面已经指出，测量不可能得到待测量的真实值，只能是近似值．实验数据的记录反映了近似值的大小，并且在某种程度上表明了误差．因此，有效数字是对测量结果的一种准确表示，它应当是有意义的数码，不允许无意义的数字存在．把测量结果写成 $54.2817 \pm 0.05 \text{(cm)}$ 是错误的，由不确定度 0.05 (cm) 可以得知，数据的第二位小数 0.08 已不可靠，再将它后面的数字写出来也没有多大意义，正确的写法应是：$54.28 \pm 0.05 \text{(cm)}$．测量结果的正确表示，对初学者来说是一个难点，必须加以重视，多次强调，才能逐步形成正确表示测量结果的良好习惯.

一、有效数字的概念

任何一个物理量，其测量的结果既然或多或少都会有误差，那么一个物理量的数值就不应当无止境地写下去．写多了没有实际意义，写少了又不能比较真实地表达物理量．因此，一个物理量的数值和数学上的某一个数就有着不同的意义，这就引入了一个有效数字的概念．若用最小分度为 1 mm 的米尺测量物体的长度，读数为 5.63 cm．其中 5 和 6 这两个数字是从米尺的刻度上准确读出的，可以认为是准确的，叫可靠数字；末尾数字 3 是在米尺最小分度值的下一位上估计出来的，是不准确的，叫欠准数．虽然欠准数欠准可疑，但不是无中生有，而是有根有据、有意义的，显然有一位欠准数字，就使得测量值更接近于真实值，更能反映客观实际．因此，测量值保留到这一位是合理的，即使估计数是 0，也不能舍去.测量结果应当而且也只能保留一位欠准数字,故测量数据的有效数字定义为几位可靠数字加上一位欠准数字,有效数字的个数叫作有效数字的位数,如上述的 5.63 cm 称为三位有效数字.

有效数字的位数与十进制单位的变换无关,即与小数点的位置无关.因此,用以表示小数点位置的 0 不是有效数字.当 0 不是用于表示小数点位置时,0 和其他数字具有同等地位,都是有效数字.显然,在有效数字的位数确定时,第一个不为零的数字左面的零不能算作有效数字的位数,而第一个不为零的数字右面的零一定要算作有效数字的位数.如 0.0135 m 是三位有效数字,0.0135 m 和 1.35 cm 及 13.5 mm 三者是等效的,只不过是分别采用了米、厘米和毫米作为长度的表示单位;1.030 m 是四位有效数字.从有效数字的另一面也可以看出测量用具的最小刻度值,如 0.0135 m 是用最小刻度为毫米的尺子测量的,而 1.030 m 是用最小刻度为厘米的尺子测量的.因此,正确掌握有效数字的概念对物理实验来说是十分必要的.

二、直接测量的有效数字记录

在物理实验中,仪器上显示的数字通常均为有效数字(包括最后一位估计读数),都应读出,并记录下来.仪器上显示的最后一位数字是 0 时,此 0 也要读出并记录.对于有分度式的仪表,读数要根据人眼的分辨能力读到最小分度的十分之几.在记录直接测量量的有效数字时,常用一种称为标准式的写法,就是任何数值都只写出有效数字,而数量级则用 10 的 n 次幂的形式去表示.

(1)根据有效数字的规定,测量值的最末一位一定是欠准确数字,这一位应与仪器误差的位数对齐,仪器误差在哪一位发生,测量数据的欠准位就记录到哪一位,不能多记,也不能少记.即使估计数字是 0,也必须写上,否则与有效数字的规定不相符.例如,用米尺测量物体长为 52.4 mm 与 52.40 mm,这是两个不同的测量值,也是属于不同仪器测量的两个值,误差也不相同,不能将它们等同看待.从这两个值可以看出,测量前者的仪器精度低,测量后者的仪器精度高出一个数量级.

(2)根据有效数字的规定,凡是仪器上读出的数值,有效数字中间与末尾的 0 均应算作有效位数.例如,6.003 cm 和 4.100 cm 均是四位有效数字.在记录数据中,有时因定位需要,而在小数点前添加 0,这不应算作有效位数,如 0.0486 m 是三位有效数字而不是四位有效数字.0 有时算作有效数字,有时不能算作有效数字,这对初学者也是一个难点,要正确理解有效数字的规定.

(3)根据有效数字的规定,在十进制单位换算中,其测量数据的有效位数不变,如 4.51 cm 若以米或毫米为单位,可以表示成 0.0451 m 或 45.1 mm,这两个数仍然是三位有效数字.为了避免单位换算中位数很多时写一长串,或计数时出现错位,常采用科学表达式.通常是在小数点前保留一位整数,用 10^n 表示,如 4.51×10^2 m,4.51×10^4 cm 等,这样既简单明了,又便于计算和确定有效数字的位数.

（4）根据有效数字的规定,对有效数字进行记录时,直接测量结果的有效位数的多少取决于被测物本身的大小和所使用的仪器精度.对同一个被测物,高精度的仪器测量的有效位数多,低精度的仪器测量的有效位数少.例如,长度约为 3.7 cm 的物体,若用最小分度值为 1 mm 的米尺测量,其测量值为 3.70 cm；若用螺旋测微器测量（最小分度值为 0.01 mm）,其测量值为 3.7000 cm.显然螺旋测微器的精度较米尺高很多,所以测量结果的位数也多.对一个实际测量值,正确应用有效数字的规定进行记录,就可以从测量值的有效数字记录中看出测量仪器的精度.因此,有效数字的记录位数和测量仪器有关.

三、有效数字的运算法则

在进行有效数字计算时,参加运算的分量可能很多.各分量数值的大小及有效数字的位数也不相同,而且在运算过程中,有效数字的位数会越乘越多,除不尽时,有效数字的位数也无止境.即便是使用计算器,也会遇到中间数的取位问题以及如何更简洁的问题.测量结果的有效数字,只能允许保留一位欠准确数字,直接测量的结果如此,间接测量的计算结果也如此.根据这一原则,为了达到以下目的：不因计算而引进误差,影响结果；尽量简洁,不做徒劳的运算,简化有效数字的运算,特约定下列规则.

1. 加法或减法运算

$$478.\underline{2}+3.4\underline{6}\underline{2}=481.66\underline{2}=481.\underline{7}$$
$$49.2\underline{7}-3.\underline{4}=45.\underline{87}=45.\underline{9}$$

大量计算表明,若干个数进行加法或减法运算,其和或者差的结果的欠准确数字的位置与参与运算各个量中的欠准确数字的位置最高者相同.由此得出结论,几个数进行加法或减法运算时,可先将多余数修约,将应保留的欠准确数字的位数多保留一位进行运算,最后结果按保留一位欠准确数字进行取舍.这样可以减少繁杂的数字计算.

推论 若干个直接测量值进行加法或减法计算时,选用精度相同的仪器最为合理.

2. 乘法和除法运算

$$834.\underline{5}\times23.\underline{9}=19\,94\underline{4}.55=1.9\underline{9}\times10^4$$
$$2569.\underline{4}\div19.\underline{5}=13\,1.\underline{7}641\cdots=13\,\underline{2}$$

由此得出结论,用有效数字进行乘法或除法运算时,乘积或商的结果的有效数字的位数与参与运算的各个量中有效数字的位数最少者相同.

推论　测量的若干个量,若是进行乘法、除法运算,则应按照有效位数相同的原则来选择不同精度的仪器.

3. 乘方和开方运算

$$(7.32\underline{5})^2 = 53.6\underline{6}$$
$$\sqrt{32.\underline{8}} = 5.7\underline{3}$$

由此可见,乘方和开方运算的有效数字的位数与其底数的有效数字的位数相同.

4. 自然数 1,2,3,4,… 不是测量而得,不存在欠准确数字

因此,可以视为无穷多位有效数字的位数,书写也不必写出后面的 0,如 $D=2R$,D 的位数仅由测量值 R 的位数决定.

5. 无理常数 π,$\sqrt{2}$,$\sqrt{3}$,… 的位数也可以看成很多位有效数字

例如 $L=2\pi R$,若测量值 $R = 2.35 \times 10^{-1}$(m) 时,π 应取 3.142,则
$$L = 2 \times 3.142 \times 2.35 \times 10^{-1} = 1.48(\text{m})$$

6. 有效数字的修约

根据有效数字的运算规则,为使计算简化,在不影响最后结果应保留有效数字的位数(或欠准确数字的位置)的前提下,可以在运算前后对数据进行修约. 其修约原则是"四舍六入五看右左",五看右左即为五时,则看五后面,若为非零的数则入;若为零则往左看一位,是奇数则入,是偶数则舍,这一说法可以简述为"五看右左". 中间运算过程较结果要多保留一位有效数字.

第四节　数据处理

在物理实验中,测量得到的许多数据需要处理后才能表示测量的最终结果. 用简明而严格的方法把实验数据所代表的事物的内在规律性提炼出来就是数据处理. 数据处理是指从获得数据起到得出结果为止的加工过程. 数据处理包括记录、整理、计算、分析、拟合等多种处理方法,本章主要介绍列表法、作图法、图解法、最小二乘法和微机法等.

一、列表法

列表法是记录数据的基本方法. 欲使实验结果一目了然,避免混乱,避免丢

失数据,便于查对,列表法是记录的最好方法.将数据中的自变量、因变量的各个数值一一对应地排列出来,简单明了地表示出有关物理量之间的关系.检查测量结果是否合理,及时发现问题,有助于找出有关量之间的联系和建立经验公式,这就是列表法的优点.设计记录表格时要求:

(1)列表要简单明了,利于记录、运算处理数据和检查处理结果,便于一目了然地看出有关量之间的关系.

(2)列表要标明符号所代表的物理量的意义.表内各栏中的物理量都要用符号标明,并写出数据所代表物理量的单位,还要将量值的数量级交代清楚.单位写在符号标题栏,不要重复记在各个数值上.

(3)列表的形式不限,根据具体情况,决定列出哪些项目.个别与其他项目联系不大的数据可以不列入表中.除原始数据外,计算过程中的一些中间结果和最后结果也可以列入表中.

(4)表格记录的测量值和测量偏差应正确反映所用仪器的精度,即正确反映测量结果的有效数字.一般记录表格还有序号和名称.

例如,要求测量圆柱体的体积,圆柱体高 H 和直径 D 的记录如下表所示.

测量次数 i	H_i(mm)	ΔH_i(mm)	D_i(mm)	ΔD_i(mm)
1	35.32	−0.006	8.135	0.0003
2	35.30	−0.026	8.137	0.0023
3	35.32	−0.006	8.136	0.0013
4	35.34	0.014	8.133	−0.0017
5	35.30	−0.026	8.132	−0.0027
6	35.34	0.014	8.135	0.0003
7	35.38	0.054	8.134	−0.0007
8	35.30	−0.026	8.136	0.0013
9	35.34	0.014	8.135	0.0003
10	35.32	−0.006	8.134	−0.0007
平均	35.326		8.1347	

说明 ΔH_i 是测量值 H_i 的偏差,ΔD_i 是测量值 D_i 的偏差;测量 H_i 是用精度为 0.02 mm 的游标卡尺,仪器误差为 $\Delta_{仪} = 0.02$ mm;测量 D_i 是用精度为 0.01 mm 的螺旋测微器,其仪器误差 $\Delta_{仪} = 0.005$ mm.

由表中所列数据,可计算出圆柱体的高、直径和体积的测量结果(近真值和

合成不确定度)为

$$H = 35.33 \pm 0.02 (\text{mm})$$
$$D = 8.135 \pm 0.005 (\text{mm})$$
$$V = (1.836 \pm 0.003) \times 10^3 (\text{mm}^3)$$

二、作图法

用作图法处理实验数据是数据处理的常用方法之一,它能直观地显示物理量之间的对应关系,揭示物理量之间的联系.作图法是指在现有的坐标纸上用图形描述各物理量之间的关系,将实验数据用几何图形表示出来.作图法的优点是直观、形象,便于比较研究实验结果、求出某些物理量、建立关系式等.为了能够清楚地反映出物理现象的变化规律,并能比较准确地确定有关物理量的值或求出有关常数,在作图时要注意以下几点:

(1)作图一定要用坐标纸.当决定了作图的参量以后,根据函数关系选用直角坐标纸、单对数坐标纸、双对数坐标纸或极坐标纸等,本书主要采用直角坐标纸.

(2)坐标纸的大小及坐标轴的比例.应当根据所测得的有效数字和结果的需要来确定,原则上数据中的可靠数字在图中应当标出.数据中的欠准数在图中应当是估计的,要适当选择 X 轴和 Y 轴的比例和坐标比例,使所绘制的图形充分占用图纸空间,不要缩在一边或一角;坐标轴比例选取的一般间隔为 $1,2,5,10$ 等.这便于读数或计算,除特殊需要外,数值的起点一般不必从零开始,X 轴和 Y 轴的比例可以采用不同的比例,使作出的图形大体上能充满整个坐标纸,图形布局美观、合理.

(3)标明坐标轴.对直角坐标系,一般是自变量为横轴,因变量为纵轴,采用粗实线描出坐标轴,并用箭头表示出方向,注明所示物理量的名称、单位.坐标轴上应标明所用测量仪器的最小分度值,并要注意有效位数.

(4)描点.根据测量数据,用直尺和笔尖使其函数对应的实验点准确地落在相应的位置.若一张图纸需要画上几条实验曲线时,则每条图线应用不同的标记如"×""○""△"等符号标出,以免混淆.

(5)连线.根据不同函数关系对应的实验数据点分布,将点连成直线、光滑的曲线或折线.连线必须用直尺或曲线板,如校准曲线中的数据点,必须连成折线.由于每个实验数据都有一定的误差,所以将实验数据点连成直线或光滑曲线时,绘制的图线不一定通过所有的点,而是使数据点均匀分布在图线的两侧,尽可能使直线两侧所有点到直线的距离之和最小并且接近相等,个别偏离很大的点,应当应用"异常数据的剔除"中介绍的方法进行分析,然后决定是否舍去,原始数据点应保留在图中.在确信两物理量之间的关系是线性的,或所绘的实验点都在某一直线附近时,将实验点连成一直线.

(6)写图名.作完图后,在图纸下方或空白的明显位置处,写上图的名称、作者和作图日期,有时还要附上简单的说明,如实验条件等,使读者一目了然.作图时,一般将纵轴代表的物理量写在前面,横轴代表的物理量写在后面,中间用"~"连接.

(7)最后将图纸贴在实验报告的适当位置,便于教师批阅实验报告.

三、图解法

在物理实验中,实验图线作出以后,可以由图线求出经验公式.图解法就是根据实验数据作出的图线,用解析法找出相应的函数形式.实验中经常遇到的图线是直线、抛物线、双曲线、指数曲线和对数曲线.特别是当图线为直线时,采用此方法更为方便.

1.由实验图线建立经验公式的步骤

(1)根据解析几何知识判断图线的类型.

(2)由图线的类型判断公式的可能特点.

(3)利用半对数、对数或倒数坐标纸,把原曲线改为直线.

(4)确定常数,建立经验公式的形式,并用实验数据来检验所得公式的准确程度.

2.用直线图解法求直线的方程

如果作出的实验图线是一条直线,则经验公式应为直线方程

$$y = kx + b \tag{1}$$

要建立此方程,必须由实验直接求出 k 和 b,一般有两种方法.

(1)斜率截距法.在图线上选取两点 $P_1(x_1,y_1)$ 和 $P_2(x_2,y_2)$,其坐标值最好是整数值.用特定的符号表示所取的点,与实验点相区别,一般不要取原实验点.所取的两点在实验范围内应尽量彼此分开一些,以减小误差.由解析几何可知,在上述直线方程中,k 为直线的斜率,b 为直线的截距.k 可以根据两点的坐标求出,即斜率为

$$k = \frac{y_2 - y_1}{x_2 - x_1} \tag{2}$$

而截距 b 为 $x=0$ 时的 y 值;若原实验中所绘制的图形并未给出 $x=0$ 段直线,可将直线用虚线延长交 y 轴,则可量出截距.如果起点不为零,也可以由式

$$b = \frac{x_2 y_1 - x_1 y_2}{x_2 - x_1} \tag{3}$$

求出截距,最后将求出斜率和截距的数值代入方程中就可以得到经验公式.

(2)端值求解法.在实验图线的直线两端取两点(不能取原始数据点),分别得出它的坐标(x_1,y_1)和(x_2,y_2),将坐标数值代入式(1),得

$$\begin{cases} y_1 = kx_1 + b \\ y_2 = kx_2 + b \end{cases} \quad (4)$$

联立两个方程求解得 k 和 b.

经验公式得出之后还要进行校验,校验的方法是:对于一个测量值 x_i,由经验公式可写出一个 y_i 值,由实验测出一个 y_i' 值,其偏差为 $\delta = y_i' - y_i$,若各个偏差之和 $\sum(y_i' - y_i)$ 趋于零,则经验公式就是正确的.

在实验中,有的实验并不需要建立经验公式,而仅需要求出 k 和 b 即可.

例 1 金属导体的电阻随着温度变化的测量值如下表所示,试求经验公式 $R = f(T)$ 和电阻温度系数.

温度(℃)	19.1	25.0	30.1	36.0	40.0	45.1	50.0
电阻($\mu\Omega$)	76.30	77.80	79.75	80.80	82.35	83.90	85.10

解 根据所测数据给出 $R \sim T$ 图,如图 1-4-1 所示.直线的斜率和截距为

$$k = \frac{8.00}{27.0} = 0.296(\mu\Omega/℃)$$

$$b = 72.00(\mu\Omega)$$

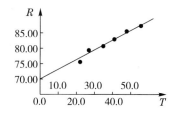

图 1-4-1 某金属丝电阻—温度曲线

于是经验公式为

$$R = 72.00 + 0.296T$$

则该金属的电阻温度系数为

$$\alpha = \frac{k}{b} = \frac{0.296}{72.00} = 4.11 \times 10^{-3}(1/℃)$$

3. 曲线改直及曲线方程的建立

在实验中,许多物理量之间的关系并不都是线性的,由曲线图直接建立经验公式一般是比较困难的,但仍可通过适当的变换而转换成线性关系,即把曲线变换成直线,再利用建立直线方程的办法来解决问题,这种方法叫作曲线改直.做这样的变换不仅是由于直线容易描绘,更重要的是直线的斜率和截距所包含的物理内涵是我们所需要的.

(1) $y = ax^b$,式中 a、b 为常量,可变换成 $\lg y = b\lg x + \lg a$,$\lg y$ 为 $\lg x$ 的线性函数,斜率为 b,截距为 $\lg a$.

(2) $y=ab^x$,式中 a、b 为常量,可变换成 $\lg y=(\lg b)x+\lg a$,$\lg y$ 为 x 的线性函数,斜率为 $\lg b$,截距为 $\lg a$.

(3) $PV=C$,式中 C 为常量,要变换成 $P=C(1/V)$,P 是 $1/V$ 的线性函数,斜率为 C.

(4) $y^2=2px$,式中 p 为常量,$y=\pm\sqrt{2p}\,x^{1/2}$,y 是 $x^{1/2}$ 的线性函数,斜率为 $\pm\sqrt{2p}$.

(5) $y=x/(a+bx)$,式中 a、b 为常量,可变换成 $1/y=a(1/x)+b$,$1/y$ 为 $1/x$ 的线性函数,斜率为 a,截距为 b.

(6) $s=v_0 t+at^2/2$,式中 v_0、a 为常量,可变换成 $s/t=(a/2)t+v_0$,s/t 为 t 的线性函数,斜率为 $a/2$,截距为 v_0.

例 2 在恒定温度下,一定质量的气体的压强 P 随容积 V 而变,$P\sim V$ 图为一双曲线型,如图 1-4-2 所示.

解 用坐标轴 $1/V$ 置换坐标轴 V,则 $P\sim 1/V$ 图为一直线,如图 1-4-3 所示.直线的斜率为 $PV=C$,即玻-马定律.

图 1-4-2　$P\sim V$ 曲线

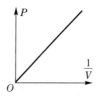

图 1-4-3　$P\sim 1/V$ 曲线

例 3 单摆的周期 T 随摆长 L 而变,绘出 $T\sim L$ 实验曲线为抛物线形,如图 1-4-4 所示.

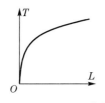

图 1-4-4　$T\sim L$ 曲线

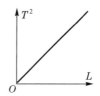

图 1-4-5　$T^2\sim L$ 曲线

解 若作 $T^2\sim L$ 图,则为一直线型,如图 1-4-5 所示,则斜率为

$$k=\frac{T^2}{L}=\frac{4\pi^2}{g}$$

由此可写出单摆的周期公式

$$T=2\pi\sqrt{\frac{L}{g}}$$

例4 阻尼振动实验中,测得每隔 1/2 周期($T=3.11$ s)振幅 A 的数据如下表所示.

$t\left(\dfrac{T}{2}\right)$	0	1	2	3	4	5
A(格)	60.0	31.0	15.2	8.0	4.2	2.2

用单对数坐标纸作图,单对数坐标纸的一个坐标是刻度不均匀的对数坐标,另一个坐标是刻度均匀的直角坐标,作图如图 1—4—6 所示,得一直线. 对应的方程为

$$\ln A = -\beta t + \ln A_0 \qquad (5)$$

从直线上两点可求出其斜率式(式中的 $-\beta$),注意 A 要取对数值,t 取图上标的数值,即

$$\beta = \frac{\ln 1 - \ln 60}{(6.2-0)\times \dfrac{3.11}{2}} = -0.43 \left(\dfrac{1}{s}\right)$$

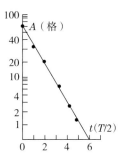

图 1—4—6 单对坐标 $A\sim t$ 曲线

则(5)式可改写为 $A = A_0 \mathrm{e}^{-\beta t}$.

这说明阻尼振动的振幅是按指数规律衰减的,单对数坐标纸作图常用来检验函数是否服从指数关系.

四、用最小二乘法求经验方程

作图法虽然在数据处理中是一种很便利的方法,但在图线的绘制上往往带有较大的任意性,所得的结果也常常因人而异,而且很难对它做进一步的误差分析. 为了克服这些缺点,在数理统计中研究了直线的拟合问题,常用一种以最小二乘法为基础的实验数据处理方法. 由于某些曲线型的函数可以通过适当的数学变换而改写成直线方程,这一方法也适用于某些曲线型的规律. 下面就数据处理中的最小二乘法原理做简单介绍.

求经验公式可以从实验的数据求经验方程,这称为方程的回归问题. 方程的回归首先要确定函数的形式,一般要根据理论的推断或从实验数据变化的趋势推测出来,如果推断出物理量 y 和 x 之间的关系是线性关系,则函数的形式可写为 $y = B_0 + B_1 x$;如果推断出是指数关系,则写为 $y = C_1 \mathrm{e}^{C_2 x} + C_3$. 如果不能清楚地判断出函数的形式,则可用多项式来表示,即

$$y = B_0 + B_1 x + B_2 x_2 + \cdots + B_n x_n$$

式中,$B_0, B_1, \cdots, B_n, C_1, C_2, C_3$ 等均为参数. 可以认为,方程的回归问题就是用实验的数据来求出方程的待定参数.

用最小二乘法处理实验数据,可以求出上述待定参数. 设 y 是变量 $x_1, x_2, \cdots$ 的函数,有 m 个待定参数 $C_1, C_2, \cdots, C_m$,即

$$y = f(C_1, C_2, \cdots, C_m; x_1, x_2, \cdots)$$

对各个自变量 $x_1, x_2, \cdots$ 和对应的因变量 y 作 n 次观测得 $(x_{1i}, x_{2i}, \cdots, y_i)(i=1, 2, \cdots, n)$,于是 y 的观测值 y_i 与由方程所得计算值 y_0 的偏差为 $(y_i - y_0)(i=1, 2, \cdots, n)$. 所谓最小二乘法,就是要求上面的 n 个偏差在平方和最小的意义下使得函数 $y = f(C_1, C_2, \cdots, C_m; x_1, x_2, \cdots)$ 与观测值 $y_1, y_2, \cdots, y_n$ 最佳拟合,也就是使参数满足

$$Q = \sum_{i=1}^{n} [y_i - f(C_1, C_2, \cdots, C_m; x_1, x_2, \cdots)]^2 = 最小值$$

由微分学的求极值方法可知, $C_1, C_2, \cdots, C_m$ 应满足

$$\frac{\partial Q}{\partial C_i} = 0 \, (i = 1, 2, \cdots, n)$$

下面从一个最简单的情况来看怎样用最小二乘法确定参数. 设已知函数形式是

$$y = a + bx \tag{6}$$

这是一个一元线性回归方程,由实验测得自变量 x 与因变量 y 的数据是

$$x = x_1, x_2, \cdots, x_n, \, y = y_1, y_2, \cdots, y_n$$

由最小二乘法, a 和 b 应满足

$$Q = \sum_{i=1}^{n} [y_i - (a + bx_i)]^2 = 最小值$$

Q 对 a 和 b 求偏微商应等于零,即

$$\begin{cases} \dfrac{\partial Q}{\partial a} = -2 \sum_{i=1}^{n} [y_i - (a + bx_i)] = 0 \\ \dfrac{\partial Q}{\partial b} = -2 \sum_{i=1}^{n} [y_i - (a + bx_i)] x_i = 0 \end{cases} \tag{7}$$

由上式得

$$\overline{y} - a - b\overline{x} = 0$$
$$\overline{xy} - a\overline{x} - b\overline{x^2} = 0 \tag{8}$$

式中, $\overline{x}$ 表示 x 的平均值,即 $\overline{x} = \dfrac{1}{n} \sum_{i=1}^{n} x_i$; $\overline{y}$ 表示 y 的平均值,即 $\overline{y} = \dfrac{1}{n} \sum_{i=1}^{n} y_i$; $\overline{x^2}$ 表示 x^2 的平均值,即 $\overline{x^2} = \dfrac{1}{n} \sum_{i=1}^{n} x_i^2$; $\overline{xy}$ 表示 xy 的平均值,即 $\overline{xy} = \dfrac{1}{n} \sum_{i=1}^{n} x_i y_i$.

解方程(8),得
$$b = \frac{\overline{x}\,\overline{y} - \overline{xy}}{\overline{x}^2 - \overline{x^2}}, a = \overline{y} - b\overline{x}$$

必须指出,实验中只有当 x 和 y 之间存在线性关系时,拟合的直线才有意义.在待定参数确定后,为了判断所得的结果是否有意义,在数学上引入一个叫相关系数的量.通过计算相关系数 r 的大小,才能确定所拟合的直线是否有意义.对于一元线性回归,r 定义为

$$r = \frac{\overline{xy} - \overline{x}\,\overline{y}}{\sqrt{(\overline{x^2} - \overline{x}^2)(\overline{y^2} - \overline{y}^2)}}$$

可以证明,$|r|$ 的值在 0 和 1 之间.$|r|$ 越接近于 1,说明实验数据能密集在求得的直线的近旁,用线性函数进行回归比较合理.相反,如果 $|r|$ 值远小于 1 而接近于 0,则说明实验数据对求得的直线很分散,即用线性回归不妥当,必须用其他函数重新试探.至于 $|r|$ 的起码值(当 $|r|$ 大于起码值,回归的线性方程才有意义)与实验观测次数 n 和置信度有关,可查阅有关手册.

非线性回归是一个很复杂的问题,并无一定的解法.但是,通常遇到的非线性问题多数能够化为线性问题.已知函数形式为

$$y = C_1 e^{C_2 x}$$

两边取对数得

$$\ln y = \ln C_1 + C_2 x$$

令 $\ln y = z, \ln C_1 = A, C_2 = B$,则上式变为

$$z = A + Bx$$

这样就将非线性回归问题转化成为一个一元线性回归问题.

上面介绍了用最小二乘法求经验公式中的常数 k 和 b 的方法,用这种方法计算出来的 k 和 b 是"最佳的",但并不是没有误差.它们的不确定度估算比较复杂,这里就不做介绍了.

五、用逐差法计算数据

在 2 个变量间存在多项式函数关系,且自变量为等差级数变化的情况下,用逐差法处理数据,既能充分利用实验数据,又能减小实验误差.具体做法是将测量得到的偶数组数据分成前后 2 组,对应项分别相减,然后再求平均值.下面举例说明.

在拉伸法测量钢丝的杨氏弹性模量实验中,已知望远镜中标尺读数 x 和砝码质量 m 之间满足线性关系 $m = kx$,式中 k 为比例常数.现要求计算 k 的数值,见下表.

次序	1	2	3	4	5	6	7	8	9	10
m/kg	0.500	1.000	1.500	2.000	2.500	3.000	3.500	4.000	4.500	5.000
x/cm	15.95	16.55	17.18	17.80	18.40	19.02	19.63	20.22	20.84	21.47

如果用逐项相减,然后再计算每增加 0.500 kg 砝码标尺读数变化的平均值 $\overline{\Delta x_i}$,即

$$\overline{\Delta x_i} = \frac{\sum_{i=1}^{n} \Delta x_i}{n}$$

$$= \frac{(x_2 - x_1) + (x_3 - x_2) + \cdots + (x_{10} - x_9)}{9}$$

$$= \frac{(x_{10} - x_1)}{9} = \frac{21.47 - 15.95}{9} = 0.613 (\text{cm})$$

于是,比例系数

$$k = \frac{\overline{\Delta x_i}}{\Delta m} = 1.23 (\text{cm/kg}) = 1.23 \times 10^{-2} (\text{m/kg})$$

这样,中间测量值 x_9,x_8,$\cdots$,x_2 全部未用,仅用到了始末 2 次测量值 x_{10} 和 x_1,它与一次性增加 9 个砝码的单次测量等价.若改用多项间隔逐差,即将上述数据分成后组(x_{10},x_9,x_8,x_7,x_6)和前组(x_5,x_4,x_3,x_2,x_1),然后对应项相减求平均值,即

$$5\overline{\Delta x} = \frac{(x_{10} - x_5) + (x_9 - x_4) + (x_8 - x_3) + (x_7 - x_2) + (x_6 - x_1)}{5}$$

$$= \frac{1}{5}[(21.47 - 18.40) + (20.84 - 17.80) + (20.22 - 17.18) + (19.63 - 16.55)$$

$$+ (19.02 - 15.95)]$$

$$= \frac{1}{5}(3.07 + 3.04 + 3.04 + 3.08 + 3.07) = 3.06 (\text{cm})$$

于是,比例系数

$$k = \frac{5\overline{\Delta x}}{5m} = \frac{\overline{\Delta x}}{m} = \frac{3.06}{5 \times 0.500} = 1.22 (\text{cm/kg}) = 1.22 \times 10^{-2} (\text{m/kg})$$

$5\overline{\Delta x}$ 是每增加 5 个砝码,标尺读数变化的平均值.这样,全部数据都用上,相当于重复测量了 5 次.应该说,这个计算结果比前面的计算结果要准确些,它保持了多次测量的优点,减少了测量误差.

六、用函数计算器处理实验数据

目前,在科学实验中使用函数计算器处理实验数据已相当普遍.为方便计

算,这里对算术平均值 $\bar{x}$、标准偏差 σ_{n-1}(即 S)的计算,最小二乘法一元线性拟合的 A、B、r、σ_y、σ_A、σ_B 的计算做简要介绍.

1. 算术平均值 $\bar{x}$ 与标准偏差 σ_{n-1}(S)的计算

直接采用测量值 x_i 来计算 σ_{n-1} 与 $\bar{x}$ 的根据是:在一般函数计算器说明书中,常用 σ_{n-1} 来表示标准误差,因为

$$\sigma_{n-1}^2 = \frac{\sum \Delta x_i^2}{n-1} = \frac{\sum (x_i - \bar{x})^2}{n-1}$$

而 $\bar{x} = \dfrac{\sum x_i}{n}$,将 $\bar{x}$ 的表达式代入上式后可得

$$\sigma_{n-1}^2 = \frac{\sum x_i^2 - 2\dfrac{(\sum x_i)^2}{n} + n\dfrac{(\sum x_i)^2}{n^2}}{n-1} = \frac{\sum x_i^2 - \dfrac{(\sum x_i)^2}{n}}{n-1}$$

$$\sigma_{n-1} = \sqrt{\frac{\sum x_i^2 - (\sum x_i)^2/n}{n-1}}$$

该式是函数计算器说明书中所用的表示式,其优点是可以直接用测量值 x_i 来计算该组测量数据的算术平均值 $\bar{x}$ 及标准误差 σ_{n-1}.一般函数计算器均已编入 $\bar{x}$ 与 σ_{n-1} 的计算程序,可按以下具体计算步骤和方法进行操作.

(1)将函数模式选择开关置于"SD"(SD 是英文词汇 standard deviation 的缩写).

(2)依次按"INV"和"AC"键,以清除"SD"中的所有内存,准备输入需要计算的测量数据.

(3)在键盘上每输入一个数据后,需按一次"M+"键,将所有的数据 x_i 依次输入计算器内.

(4)在所有数据全部输入后,按"$\bar{x}$"键,显示该组数据的算术平均值,按"σ_{n-1}"键盘,则显示该数据的标准误差.

(5)输入了错误数据而要删去时,可在输入该错误数据后,按"INV"和"M+"键,可将该错误数据删去.

2. 最小二乘法一元线性拟合有关量的计算

在导出 $\sigma_{n-1} = \sqrt{\dfrac{\sum x_i^2 - (\sum x_i)^2/n}{n-1}}$ 表示式时,实际上也证明了:

$$S_{xx} = \sum (x_i - \bar{x})^2 = \sum x_i^2 - \frac{1}{n}(\sum x_i)^2$$

$$S_{yy} = \sum (y_i - \bar{y})^2 = \sum y_i^2 - \frac{1}{n}(\sum y_i)^2$$

$$S_{xy} = \sum (x_i - \bar{x})(y_i - \bar{y}) = \sum x_i y_i - \frac{1}{n}\sum x_i \sum y_i$$

这三个量中所涉及的 $\sum x_i^2$、$\sum x_i$、$\sum y_i$、$\sum y_i^2$ 及 $\sum x_i y_i$ 均可由 SD 模式算得，由此可计算出 S_{xx}、S_{yy}、S_{xy}，此时 a、b、r 可分别表示为

$$a = \bar{y} - b\bar{x}, b = \frac{S_{xy}}{S_{xx}}, r = \frac{S_{xy}}{\sqrt{S_{xx} \cdot S_{yy}}}$$

由于在分别对 x 和 y 变量做 SD 计算时，$\bar{x}$、$\bar{y}$ 已算得，故 a、b、r 三个量能方便地算得。由此可以证明：

$$\sum (y_i - a - b x_i)^2 = (1 - r^2) S_{yy}$$

因此，σ_y 可表示为

$$\sigma_y = \sqrt{\frac{(1-r^2)S_{yy}}{n-2}}$$

此时 σ_a 和 σ_b 变换为

$$\sigma_a = \sqrt{\frac{1}{n} + \frac{\bar{x}^2}{S_{xx}}} \cdot \sqrt{\frac{(1-r^2)S_{yy}}{n-2}}$$

$$\sigma_b = \sqrt{\frac{1}{S_{xx}}} \cdot \sqrt{\frac{(1-r^2)S_{yy}}{n-2}}$$

由此可见，对 a、b、r、σ_a、σ_b 五个量的计算问题已归结为对 $\bar{x}$、$\bar{y}$、S_{xx}、S_{yy} 和 S_{xy} 的计算问题。具体计算步骤和方法是：

(1) 将函数模式选择开关置于"SD"位置.

(2) 依次按"INV"、"AC"键，接着在键盘上每输入一个 x_i 值，按一次"M+"键，直到将 n 个 x_i 全部输入计算器为止.

(3) 按"$\bar{x}$"键，读取和记录 $\bar{x}$ 数值（此时的 σ_{n-1} 值是无意义的），按"$\sum x$"键，读记 $\sum x_i$ 数值.

(4) 再依次按"$\sum x^2$""−""$\sum x$""INV""x^2""÷""n""="各键，完成 S_{xx} 的计算，读记 S_{xx} 数值.

(5) 依次按"INV""AC"键，清除"SD"中原有 x 值的内存，接着在键盘上每输入一个 y_i 值，按一次"M+"键，直到将 n 个 y_i 全部输入计算器为止.

(6) 按"$\bar{x}$"键，此时应将所显示的 $\bar{y}$ 数值读记下；按"$\sum x$"键，读记 $\sum y_i$ 数值；

(7) 再依次按"$\sum x^2$""−""$\sum x$""INV""x^2""÷""n""="各键，可完成 S_{yy} 的计算，读记 S_{yy} 数值.

(8) 顺次按"INV""AC"键，接着在键盘上将 x_i"×"y_i"="的值用"M+"键输入计算器中，直到 n 对 (x_i, y_i) 数据中每对数据的乘积 $(x_i \cdot y_i)$ 全部输入计算器为止.

(9) 按 $\sum x_i$ 键便得 $\sum x_i \cdot y_i$ 的值,然后用已经读得的 $\sum x_i$ 和 $\sum y_i$ 值作 $\sum x_i \cdot y_i - \dfrac{1}{n}\sum x_i \sum y_i$ 的算术运算,即可得到 S_{xy} 值;具体方法是顺次按 "$\sum x$" "—" "$\sum x_i$ 值" "×" "$\sum y_i$ 值" "÷" "n" "=" 各键,读取并记录 S_{xy} 值.

至此,已经得到 $\bar{x}$、$\bar{y}$、S_{xx}、S_{yy}、S_{xy} 及 n 的数值,计算 a、b、r、σ_a、σ_b 的必要数据已全部齐备,只要在计算器上做些简单的算术运算就可求得全部解答.

要指出的是:函数计算器只能显示计算结果,无法判断有效数字的取舍.因此,读记数时,应注意按照有效数字运算法则和误差运算的有关规定读记有效数字.对中间过程和运算结果,可以多取一位有效数字.

从上述最小二乘法一元线性拟合计算来看,采用袖珍计算器来处理已显得较麻烦.若采用可编程序的计算器或者微机来处理就要方便一些,它们不仅可以完成计算工作,而且可以打印出全部结果,并绘制出拟合图线.

现以测量热敏电阻的阻值 R_T 随温度 T 变化的关系为例,其函数关系为

$$R_T = a\mathrm{e}^{\frac{b}{T}}$$

式中,a、b 为待定常数,T 为热力学温度,为了能变换成直线形式,将两边取对数得

$$\ln R_T = \ln a + b/T$$

令 $y=\ln R_T$,$A=\ln a$,$B=b$,$x=1/T$,可以得直线方程为 $y = A + Bx$. 实验时测得热敏电阻在不同温度下的阻值,分别以变量 x、y 为横、纵坐标作图,若 $y\sim x$ 图线为直线,就证明 R_T 与 T 的理论关系正确. 现将实验测量数据和变量变换数值列于下表中.

No	$T_C(℃)$	$T(K)$	$R_T(\Omega)$	$x=\dfrac{1}{T_i}10^{-3}(K^{-1})$	$y=\ln R_T$
1	27.0	300.0	3427	3.333	8.139
2	29.7	302.7	3127	3.304	8.048
3	32.2	305.2	2824	3.277	7.946
4	36.2	309.2	2498	3.234	7.823
5	38.2	311.2	2261	3.215	7.724
6	42.2	315.2	2000	3.173	7.601
7	44.5	317.5	1826	3.150	7.510
8	48.0	321.0	1634	3.115	7.399
9	53.5	326.5	1353	3.063	7.210
10	57.5	330.5	1193	3.026	7.084

对表中提供的 $1/T_i$ 和 $\ln R_T$ 数据,用最小二乘法拟合处理,按上述袖珍计算器运算步骤操作,可得直线斜率为 $B = 3.448 \times 10^3 (K)$,直线截距为 $A = -3.473(\Omega)$,

相关系数为 $r=0.9996$.

由上面相关系数值可知 $\ln R_T \sim 1/T$ 的关系中直线性很好,这说明热敏电阻阻值 R_T 和 $1/T$ 为严格的指数关系.

七、用微机进行数据处理

在现代实验技术中,随着实验条件的不断改善,微机的应用越来越多,不仅可以在应用仪器设备中提高精度、采集数据、模拟实验等,还可以在数据处理中发挥重要作用.应用微机进行数据处理的方法称为微机法.微机法的优点是速度快、精度高,将实验数据输入装有相应软件的微机中就能显示出数据处理的结果,直观性强,可减轻人们处理数据的工作量;同时,也能提高人们应用微机处理数据的能力.例如,在一些平均值、相对误差、绝对误差、标准误差、线性回归、数据统计等方面的数值计算中,常用函数计算、定积分计算、拟合曲线、作图等方面都可以考虑使用微机来处理.在具体问题中,可以应用现有的软件,也可以结合具体实验尝试编写一些简单实用的小程序或开发一些实用性较强的小课件来满足实验中数据处理的需要.随着计算机的不断普及,计算在实验教学中的地位不断提高,灵活应用计算机在实验教学中的优点,是今后实验教学中不可忽视的一个问题,应当先从数据处理入手,逐步加强计算机在实验教学中的具体应用,为以后应用计算机进行科学实验奠定基础.

练习题

1. 指出下列各量有效数字的位数及测量所选用的仪器和精度.
   (1) 63.74 cm;   (2) 0.302 cm;   (3) 0.0100 cm;
   (4) 1.0000 kg;   (5) 0.025 cm;   (6) 1.35 ℃;
   (7) 12.6 s;   (8) 0.2030 s;   (9) 1.530×10^{-3} m.

2. 试用有效数字运算法则计算出下列结果.
   (1) $107.50 - 2.5$;   (2) $273.5 \div 0.1$;   (3) $1.50 \div 0.500 - 2.97$;
   (4) $\dfrac{8.0421}{6.038 - 6.034} + 30.9$;   (5) $\dfrac{50.0 \times (18.30 - 16.3)}{(103 - 3.0) \times (1.00 + 0.001)}$.
   (6) $V = \pi d^2 h / 4$, 已知 $h = 0.005$ m, $d = 13.984 \times 10^{-3}$ m, 计算 V.

3. 改正下列错误,写出正确答案.
   (1) $L = 0.01040$ (km) 的有效数字是五位;
   (2) $d = 12.435 \pm 0.02$ (cm);

(3) $h = 27.3 \times 10^4 \pm 2000 \text{(km)}$;

(4) $R = 6371 \text{ km} = 6371000 \text{ m} = 637100000 \text{(cm)}$;

(5) $\theta = 60° \pm 2'$.

4. 单位变换.

(1) 将 $L = 4.25 \pm 0.05 \text{(cm)}$ 的单位变换成 $\mu\text{m}, \text{mm}, \text{m}, \text{km}$;

(2) 将 $m = 1.750 \pm 0.001 \text{(kg)}$ 的单位变换成 $\text{g}, \text{mg}, \text{t}$.

5. 已知周期 $T = 1.2566 \pm 0.0001 \text{(s)}$,计算角频率 ω 的测量结果,写出标准式.

6. 计算 $\rho = \dfrac{4m}{\pi D^2 H}$ 的结果,其中 $m = 236.124 \pm 0.002 \text{(g)}$;$D = 2.345 \pm 0.005 \text{(cm)}$;$H = 8.21 \pm 0.01 \text{(cm)}$.并且分析 m, D, H 对 σ_ρ 的合成不确定度的影响.

7. 利用单摆测重力加速度 g.当摆角 $\theta \leqslant 5°$ 时,$T = 2\pi\sqrt{\dfrac{L}{g}}$,式中摆长 $L = 97.69 \pm 0.02 \text{(cm)}$,周期 $T = 1.9842 \pm 0.0002 \text{(s)}$.求 g 和 σ_g,并写出标准式.

附录　数字修约的国家标准 GB/T8170

在 2008 年的国家标准 GB/T8170 中,对需要修约的各种测量、计算的数值有明确的规定:

1. 原文"在拟舍弃的数字中,若左边第一个数字小于 5(不包括 5)时,则舍去,即所拟保留的末位数字不变"。例如:在 36056 43 数字中拟舍去 43 时,4<5,则应为 36056,我们简称为"四舍"。

2. 原文"在拟舍弃的数字中,若左边第一个数字大于 5(不包括 5)时,则进 1,即所拟保留的末位数字加 1"。例如:在 3605 623 数字中拟舍去 623 时,6>5,则应为 3606,我们简称为"六入"。

3. 原文"在拟舍弃的数字中,若左边第一个数字等于 5,其右边数字并非全部为零时,则进 1,即所拟保留的末位数字加 1"。例如:在 360 5123 数字中拟舍去 5123 时,5=5,其右边的数字为非零的数,则应为 361,我们简称为"五看右"。

4. 原文"在拟舍弃的数字中,若左边第一个数字等于 5,其右边数字皆为零时,所拟保留的末位数字若为奇数则进 1,若为偶数(包括 0)则不进"。例如:在 360 50 数字中拟舍去 50 时,5=5,其右边的数字皆为零,而拟保留的末位数字为偶数(含 0)时则不进,故此时应为 360,简称为"五看右左"。

上述规定可概述为:舍弃数字中最左边一位数为小于 4(含四)舍、大于 6(含六)入、为 5 时则看 5 后:若为非零的数则入;若为零,则往左看拟留的数的末位数,为奇数则入,为偶数则舍,可简述为"四舍六入五看右左"。

可见,采取惯用的"四舍五入"法进行数字修约,既粗糙又不符合国际的科学规定。类似的不严谨、甚至错误的提法和做法有"大于 5 入,小于 5 舍,等于 5 保留位凑偶";尾数"小于 5 舍,大于 5 入,等于 5 则把尾数凑成偶数";"若舍去部分的数值,大于所保留的末位 0.5,则末位加 1,若舍去部分的数值,小于所保留的末位 0.5,则末位不变",等等。还要指出,在修约最后结果的不确定度时,为确保其可信性,往往根据实际情况执行"宁大勿小"原则。

第二章

力学实验

实验一　基本测量

一、实验目的

1. 学会正确使用游标卡尺、螺旋测微器、读数显微镜及物理天平.
2. 掌握游标卡尺、螺旋测微器及物理天平的原理.
3. 掌握等精度测量中不确定度的估算方法和有效数字的基本运算.

二、实验仪器

游标卡尺、螺旋测微器、读数显微镜、物理天平及待测量的小工件.

三、实验原理

1. 游标卡尺

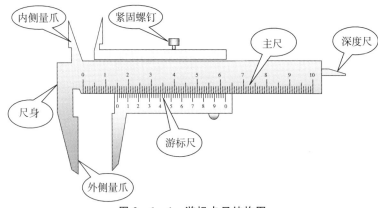

图 2-1-1　游标卡尺结构图

(1)原理.游标刻度尺上一共有 m 分格,而 m 分格的总长度和主刻度尺上的 $(m-1)$ 分格的总长度相等.设主刻度尺上每个等分格的长度为 y,游标刻度尺上每个等分格的长度为 x,则有

$$mx = (m-1)y \tag{1}$$

主刻度尺与游标刻度尺每个分格之差 $y-x=y/m$ 为游标卡尺的最小读数值,即最小刻度的分度数值.主刻度尺的最小分度是毫米,若 $m=10$,即游标刻度尺上 10 个等分格的总长度和主刻度尺上的 9 mm 相等,每个游标分度是 0.9 mm,主刻度尺与游标刻度尺每个分度之差 $\Delta x=1-0.9=0.1$(mm),称作 10 分度游标卡尺;如 $m=20$,则游标卡尺的最小分度为 1/20 mm=0.05 mm,称为 20 分度游标卡尺;常用的还有 50 分度的游标卡尺,其分度数值为 1/50 mm=0.02 mm.

(2)读数.游标卡尺的读数表示的是主刻度尺的 0 线与游标刻度尺的 0 线之间的距离.读数可分为两部分:首先,从游标刻度上 0 线的位置读出整数部分(毫米位);其次,根据游标刻度尺上与主刻度尺对齐的刻度线读出不足毫米分格的小数部分,二者相加就是测量值.以 50 分度游标卡尺为例,看一下如图 2-1-2 所示读数.毫米以上的整数部分直接从主刻度尺上读出为 3 mm;读毫米以下的小数部分时,应细心寻找游标刻度尺上哪一根刻度线与主刻度尺上的刻度线对得最整齐,对得最整齐的那根刻度线表示的数值就是我们要找的小数部分.图 2-1-2 中第 22 根刻度线和主刻度尺上的刻度线对得最整齐,应该读作 0.44 mm,则所测工件的读数值为 $3+22\times 0.02=3.44$(mm).

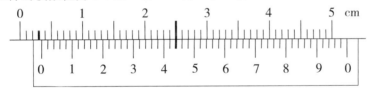

图 2-1-2 50 分度游标卡尺

(3)注意事项.

①游标卡尺使用前,应该先将游标卡尺的卡口合拢,检查游标尺的 0 线和主刻度尺的 0 线是否对齐.若对不齐,说明卡口有零误差,应记下零点读数,用以修正测量值.

②推动游标刻度尺时,不要用力过猛,卡住被测物体时松紧应适当,不能在卡住物体后再移动物体,以防卡口受损.

③用完后两卡口要留有间隙,然后将游标卡尺放入包装盒内,不能随便放在桌上,更不能放在潮湿的地方.

2. 螺旋测微器

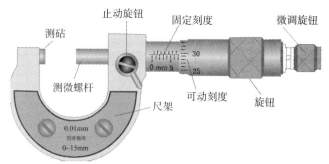

图 2—1—3　螺旋测微器结构图

(1)原理.螺旋测微器内部螺旋的螺距为 0.5 mm,因此,副刻度尺(微分筒)每旋转一周,螺旋测微器内部的测微螺丝杆和副刻度尺同时前进或后退 0.5 mm,而螺旋测微器内部的测微螺丝杆套筒每旋转一格,测微螺丝杆沿着轴线方向前进 0.01 mm,0.01 mm 即为螺旋测微器的最小分度数值.在读数时可估计到最小分度的 1/10,即 0.001 mm,故螺旋测微器又称为千分尺.

(2)读数.读数可分两步:首先,观察固定标尺读数准线(即微分筒前沿)所在的位置,可以从固定标尺上读出整数部分,每格 0.5 mm,即可读到半毫米;其次,以固定标尺的刻度线为读数准线,读出 0.5 mm 以下的数值,估计读数到最小分度的 1/10,然后两者相加.

如图 2—1—4 所示,整数部分是 5.5 mm(因为固定标尺的读数准线已超过了 1/2 刻度线,所以是 5.5 mm),副刻度尺上的圆周刻度是 20 的刻线正好与读数准线对齐,即 0.200 mm. 所以,其读数值为 5.5+0.200=5.700 mm. 如图 2—1—5所示,整数部分(主尺部分)是 5 mm,而圆周刻度是 20.9,即 0.209 mm,其读数值为 5+0.209=5.209(mm).使用螺旋测微器时,要注意 0 点误差,即当两个测量界面密合时,看一下副刻度尺 0 线和主刻度尺 0 线所对应的位置.经过使用后的螺旋测微器 0 点一般对不齐,而是显示某一读数,使用时要分清是正误差还是负误差.如图 2—1—6 和图 2—1—7 所示,如果零点误差用 δ_0 表示,测量待测物的读数是 d. 此时,待测量物体的实际长度为 $d'=d-\delta_0$,δ_0 可正可负.

在图 2—1—6 中,$\delta_0=-0.006$ mm,$d'=d-(-0.006)=d+0.006$(mm).

在图 2—1—7 中,$\delta_0=+0.008$ mm,$d'=d-\delta_0=d-0.008$(mm).

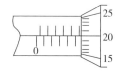

图 2—1—4　螺旋测微器读数 a

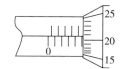

图 2—1—5　螺旋测微器读数 b

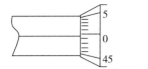
图 2－1－6　螺旋测微器零点误差 a

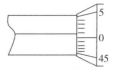
图 2－1－7　螺旋测微器零点误差 b

3. 读数显微镜

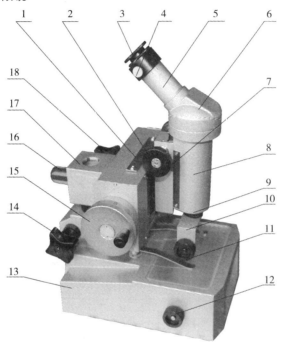

1.标尺;2.调焦手轮;3.目镜;4.锁紧螺钉;5.目镜接筒;6.棱镜室;7.刻尺;8.镜筒;
9.物镜组;10.半反镜组;11.压片;12.反光镜旋轮;13.底座;14.锁紧手轮Ⅱ;
15.测微鼓轮;16.方轴;17.接头轴;18.锁紧手轮Ⅰ

图 2－1－8　读数显微镜结构图

(1)原理.测微螺旋螺距为 1 mm(即标尺分度),在显微镜的旋转轮上刻有 100 个等分格,每格为 0.01 mm.当旋转轮转动一周时,显微镜沿标尺移动 1 mm,当旋转轮旋转过一个等分格时,显微镜就沿标尺移动 0.01 mm,0.01 mm 即为读数显微镜的最小分度.

(2)测量与读数.

①调节载物台下方的反光镜角度,使视场光线最强.

②调节目镜进行视场调整,使显微镜十字线最清晰即可.

③将工件按要求放置在载物台上,并进行固定.

④转动测微鼓轮,使镜筒置于工件正上方.

⑤转动调焦手轮,从目镜中观测使被测,工件成像清晰.

⑥转动旋转轮可以调节十字竖线,使其对准被测工件的起点,在标尺上读取毫米的整数部分,在旋转轮上读取毫米以下的小数部分.两次读数之和是此点的读数 A.

⑦沿着同方向转动旋转轮,使十字竖线恰好停止在被测工件的终点,按相同方法读取此时刻度,记下此值 A'.则所测量工件的长度 $L=|A'-A|$.

注意 由于不慎使十字竖线超过终点,此时切不可直接反方向转动旋转轮使十字竖线回到终点处,因为这种操作会造成"回程误差",正确的操作是将十字竖线倒回过终点,然后再回至终点处读数.

(3)使用注意事项.

①在松开每个锁紧螺丝时,必须用手托住相应部分,以免其坠落或受冲击.

②注意防止回程误差,由于螺丝和螺母不可能完全密合,螺旋转动方向改变时它的接触状态也改变,两次读数将不同,由此产生的误差叫回程误差.为防止此误差,测量时应向同一方向转动,使十字竖线和目标对准,若移动十字竖线超过了目标,就要多退回一些,重新再向同一方向转动.

*4. 物理天平

(1)原理.物理天平的构造如图 2-1-9 所示,在横梁上装有三角刀口 A、F_1、F_2,中间刀口 A 置于支柱顶端的玛瑙刀口垫上,作为横梁的支点.两边刀口各有秤盘 P_1、P_2,横梁上升或下降.当横梁下降时,制动架就会把它托住,以免刀口磨损.横梁两端各有一平衡螺母 B_1、B_2,用于空载调节平衡.横梁上装有游动砝码 D,用于 1 g 以下的称量.物理天平的规格由最大称量值和感量(或灵敏度)来表示.最大称量值是天平允许称量的最大质量;感量就是天平的指针从标牌上零点平衡位置转过一格,天平两盘上的质量差.灵敏度是感量的倒数,感量越小,灵敏度就越高.

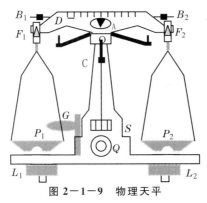

图 2-1-9 物理天平

(2)物理天平的操作步骤.

①水平调节.使用天平时,首先调节天平底座下两个螺钉L_1、L_2,使水准仪中的气泡位于圆圈线的中央位置.

②零点调节.天平空载时,将游动砝码拨到左端点,与0刻度线对齐.两端秤盘悬挂在刀口上,顺时针方向旋转制动旋钮Q,启动天平,观察天平是否平衡.当指针在刻度尺S上来回摆动,左右摆幅近似相等时,可认为天平达到平衡.如果不平衡,反时针方向旋转制动旋钮Q,使天平制动,调节横梁两端的平衡螺母B_1、B_2,再用前面的方法判断天平是否处于平衡状态,直至达到空载平衡为止.

③称量.把待测物体放在左盘中,右砝码盘中放置砝码,轻轻右旋制动旋钮使天平启动,观察天平向哪边倾斜,立即反向旋转制动旋钮使天平制动,酌情增减砝码,再启动,观察天平倾斜情况.如此反复调整,直到天平能够左右对称摆动.然后调节游动砝码,使天平达到平衡,此时游动砝码的质量就是待测物体的质量.称量时,选择砝码应由大到小,逐个试用,直到最后利用游动砝码使天平平衡.

(3)维护方法.

①天平的负载量不得超过其最大称量值,以免损坏刀口或横梁.

②为了避免刀口受冲击而损坏,在取放物体、取放砝码、调节平衡螺母以及不使用天平时,都必须使天平制动.只有在判断天平是否平衡时才将天平启动,天平启动或制动时,旋转制动旋钮动作要轻.

③砝码不能用手直接拿取,只能用镊子间接挟取;从秤盘上取下后应立即放入砝码盒中.

④天平的各部分以及砝码都要防锈、防腐蚀,高温物体以及有腐蚀性的化学药品不得直接放在盘内称量.

⑤称量完毕后,将制动旋钮左旋转,放下横梁,保护刀口.

四、实验内容

1. 用游标卡尺测量空心圆柱体内外径.
2. 用螺旋测微器测量小钢球直径.
3. 用读数显微镜测量钢丝(或头发丝)的直径.
*4. 用物理天平测量工件的质量.

五、实验数据记录与处理

待测量		1	2	3	4	5	平均
空心圆柱体 (mm)	内径						
	外径						
钢珠(mm)	直径						
头发丝 (mm)	左侧						
	右侧						
	直径						
*工件质量(g)							

六、思考题

1. 何谓仪器的分度数值？米尺、20分度游标卡尺和螺旋测微器的分度数值各为多少？如果用它们测量一个约7 cm长的物体，问每个待测量能读得几位有效数字？

2. 游标刻度尺上30个分格与主刻度尺29个分格等长，问这种游标尺的分度数值为多少？

实验二　转动惯量的测量(三线摆法)

一、实验目的

1. 学会正确测量长度、质量和时间.
2. 学习用三线摆测量圆盘和圆环绕轴的转动惯量.

二、实验仪器

三线摆仪、米尺、游标卡尺、数字毫秒计、气泡水平仪、物理天平和待测圆环等.

图 2-2-1　三线摆实物装置

三、实验原理

1. 大圆盘转动惯量

如图 2-2-2 所示是三线摆实验装置示意图.三线摆是由上、下两个匀质圆盘用三条等长的摆线(摆线为不易拉伸的细线)连接而成的.上、下圆盘的系线点构成等边三角形,下盘处于悬挂状态,并可绕 OO' 轴线做扭转摆动,称为摆盘.由于三线摆的摆动周期与摆盘的转动惯量有一定关系,所以把待测样品放在摆盘上后,三线摆系统的摆动周期就会相应地随之改变.这样,根据摆动周期、摆盘质量以及有关的参量,能求出摆盘系统的转动惯量.

设下圆盘质量为 m_0,当它绕 OO' 扭转的最大角位移为 θ_0 时,圆盘的中心位置升高 h,这时圆盘的动能全部转变为重力势能,有

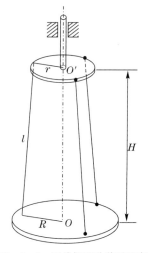

图 2-2-2　三线摆实验装置示意图

$$E_p = m_0 gh \text{（}g \text{ 为重力加速度）}$$

当下盘重新回到平衡位置时,重心降到最低点,这时最大角速度为 ω_0,重力势能被全部转变为动能,有

$$E_k = \frac{1}{2} I_0 \omega_0^2$$

式中,I_0 是下圆盘对于通过其重心且垂直于盘面的 OO' 轴的转动惯量.

如果忽略摩擦力,根据机械能守恒定律,可得

$$m_0 g h = \frac{1}{2} I_0 \omega_0^2 \qquad (1)$$

设悬线长度为 l,下圆盘悬线距圆心为 R_0,当下圆盘转过一角度 θ_0 时,从上圆盘 B 点作下圆盘垂线,与升高 h 前后下圆盘分别交于 C 和 C_1,如图 2-2-3 所示,则

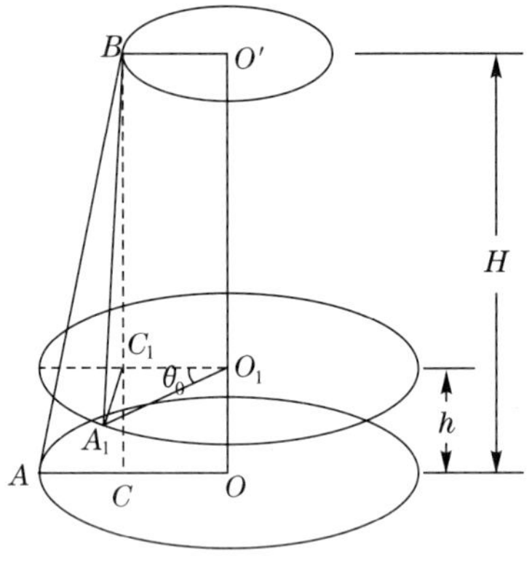

图 2-2-3 三线摆原理图

$$h = BC - BC_1 = \frac{(BC)^2 - (BC_1)^2}{BC + BC_1}$$

$$\because (BC)^2 = (AB)^2 - (AC)^2$$
$$= l^2 - (R-r)^2$$
$$(BC_1)^2 = (A_1 B)^2 - (A_1 C_1)^2 = l^2 - (R^2 + r^2 - 2rR\cos\theta_0)$$

$$\therefore h = \frac{2Rr(1-\cos\theta_0)}{BC + BC_1} = \frac{4Rr\sin^2\dfrac{\theta_0}{2}}{BC + BC_1}$$

在扭转角 θ_0 很小,摆长 l 很长时,$\sin\theta_0/2 \approx \theta_0/2$,而 $BC + BC_1 \approx 2H$,因

$$H = \sqrt{l^2 - (R-r)^2} \approx l \quad (H \text{ 为上下两盘之间的垂直距离})$$

所以

$$h = Rr\theta_0^2/2l \qquad (2)$$

由于下盘的扭转角度 θ_0 很小(一般在 $5°$ 以内),摆动可看作简谐振动,则圆盘的角位移与时间的关系是

$$\theta = \theta_0 \sin\frac{2\pi}{T_0} t$$

式中,θ 是圆盘在时间 t 时的角位移,θ_0 是角振幅,T_0 是振动周期.若认为振动初位相是 0,则角速度为

$$\omega = \frac{d\theta}{dt} = \frac{2\pi\theta_0}{T_0} \cos\frac{2\pi}{T_0} t$$

经过平衡位置时，$t=0, T_0/2, T_0, \cdots$ 的最大角速度为

$$\omega_0 = \frac{2\pi}{T_0}\theta_0 \tag{3}$$

将(2)、(3)式代入(1)式，可得

$$I_0 = \frac{m_0 g R r T_0^2}{4\pi^2 l} \tag{4}$$

实验时，测出 R、r、l 及 T_0（m_0 已知），由(4)式求出圆盘的转动惯量 I_0．

2. 测量圆环的转动惯量

由原理1测出大圆盘的转动惯量后，再在大圆盘上对称地放置圆环，此时除质量和周期不同外，其他参数与原理1相同，所以 $I_{01} = \frac{(m_0 + m_1)gRr}{4\pi^2 l}T_{01}^2$，设 I_1 为圆环对质心且垂直圆面的轴的转动惯量，则 $I_1 = I_{01} - I_0$．

*3. 验证平行轴定理

完成上述实验后，取下圆环，在下盘上对称地放上两个圆柱体，质量均为 m_2，设其中一个圆柱体的转动惯量为 I_2（对 OO' 轴），测出总周期为 T_{02}，则有

$$2I_2 + I_0 = \frac{(2m_2 + m_0)}{4\pi^2 l}gRrT_{02}^2 \tag{5}$$

由(5)式减去(4)式得到两个圆柱体的转动惯量 $2I_2$（对 OO' 轴）为

$$2I_2 = \frac{gRr}{4\pi^2 l}\left[(2m_2 + m_0)T_{02}^2 - m_0 T_0^2\right] \tag{6}$$

所以单个圆柱体的转动惯量（对 OO' 轴）为

$$I_2 = \frac{gRr}{8\pi^2 l}\left[(2m_2 + m_0)T_{02}^2 - m_0 T_0^2\right] \tag{7}$$

上式表示单个圆柱体对 OO' 轴转动惯量的实验值．根据《大学物理》教材中平行轴定理，计算出上述过程单个圆柱体对 OO' 轴转动惯量的理论值是

$$I_2' = J_C + m_2 d^2 = \frac{1}{2}m_2 R'^2 + m_2 d^2 \tag{8}$$

式中，R' 是圆柱体的半径，d 是圆柱中心轴到 OO' 轴的水平距离．将 I_2' 和 I_2 值比较即可验证平行轴定理．

四、实验内容

1. 测量大圆盘转动惯量，并与理论值比较．
2. 测量圆环转动惯量，并与理论值比较．
*3. 验证平行轴定理．

五、实验步骤

1. 先调节底脚螺丝,使之处于水平状态(水平仪放于下圆盘中心);再调节下盘的绕线螺丝,使下盘也处于水平状态(水平仪放于下盘中心).

2. 测量 r、R(上、下悬线孔到各自圆盘中心距离)及悬线长 l.

3. 等待三线摆静止后,用手轻轻扭转上盘 5°左右,随即退回原处,使下盘绕仪器中心轴做小角度扭转摆动(不应伴有晃动).用数字毫秒计测出 50 次完全振动的时间 t_0,重复测量 3 次,求平均值 $\bar{t_0}$,计算下盘空载时的振动周期 T_0.

4. 将测量数据代入公式(4)计算 I_0.

5. 加圆环重复上述步骤,测 T_{01},然后将总质量 $m_0 + m_1$ 代入公式,计算 I_{01} 及 $I_1 = I_{01} - I_0$.

*6. 将两个等质量的圆柱体对称地卡在下盘圆孔上,待它们静止后,再用数字毫秒计测出 50 次完全振动时间 t,重复测量 3 次求平均值,计算此时的振动周期 T_{02},代入公式计算总转动惯量(大圆盘和两个圆柱体绕 OO' 轴),再减去 I_0 得到两圆柱体的转动惯量 $2I_2$,再除以 2 得到 I_2,即单个圆柱体绕 OO' 轴转动惯量的实验值.

*7. 通过平行轴定理计算理论值 I_2',比较 I_2' 和 I_2 值,并计算误差.

六、实验数据记录与处理

下盘质量 $m_0 = $ _____ g,圆环质量 $m_1 = $ _____ g.

待测物理量	测量次数			平均值
	1	2	3	
上盘悬孔间距离 a(mm)				
上盘悬孔到中心距离 r(mm)		$\frac{\sqrt{3}}{3}\bar{a}$		
下盘悬孔间距离 b(mm)				
下盘悬孔到中心距离 R(mm)		$\frac{\sqrt{3}}{3}\bar{b}$		
悬线长 l(mm)				
下盘振动 50 次时间 $50T_0$(s)				
下盘加圆环振动 50 次时间 $50T_{01}$(s)				

$T_0 = $ _____,$T_{01} = $ _____.

代入公式计算：

$I_0 = \dfrac{m_0 g R r}{4\pi^2 l} T_0^2 = $ _____ ； $I_{0理论} = \dfrac{1}{2} m_0 R^2 = $ _____ ；

$\delta_0 = \dfrac{|I_0 - I_{0理论}|}{I_{0理论}} \times 100\% = $ _____ ；

$I_{01} = \dfrac{(m_0 + m_1) g R r}{4\pi^2 l} T_{01}^2 = $ _____ ，则 $I_1 = I_{01} - I_0 = $ _____ 。

七、思考题

1. 在本实验中验证平行轴定理时，为什么要除以 2？
2. 当待测物体的转动惯量比下盘的转动惯量小得多时，能否用三线摆法测量？
3. 为什么汽车在行驶一定公里数时需要对车轮做动平衡？

实验三　气垫导轨验证动量守恒定律

一、实验目的

1. 学会并掌握气垫导轨和自动光电计时器的使用方法．
2. 掌握用气垫导轨验证动量守恒定律的方法．
3. 通过本实验，能对各种气垫运输工具（如气垫船等）有更深刻的理解．

二、实验仪器

G02－12 型气垫导轨和 CS－2 型智能数字测时器．

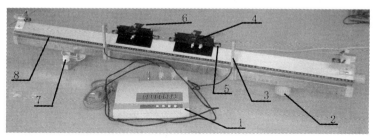

1. 光电计时器；2. 单脚螺丝；3. 光电门；4. 滑块；5. 碰撞弹簧；6. 遮光板；7. 调平螺丝；8. 标尺

图 2－3－1　G02－12 型气垫导轨图

三、实验原理

如果系统不受外力或所受合外力为零,则系统的总动量保持不变,这一结论称为动量守恒定律,即

$$P = \sum_{i=1}^{n} m_i v_i = 恒矢量 \tag{1}$$

式中,m_i 和 v_i 为系统第 i 个物体的质量和速度,n 为系统中物体的个数.

本实验研究的是在水平的气垫导轨上两个滑块沿直线发生正碰的情况.由于气垫导轨的吹浮作用,滑块系统在运动时所受的阻力可以忽略不计,即在水平方向上不受外力的作用,在铅直方向上所受的重力与支持力合力为零.因此,在两个滑块发生碰撞的过程中,系统所受的合外力为零,故系统的总动量守恒.

设两滑块的质量分别为 m_1、m_2,碰撞前的初速度分别为 v_1、v_2,碰撞后的末速度分别为 v_1'、v_2'.则有

$$m_1 v_1 + m_2 v_2 = m_1 v_1' + m_2 v_2' \tag{2}$$

碰撞示意图如图 2-3-2 所示.

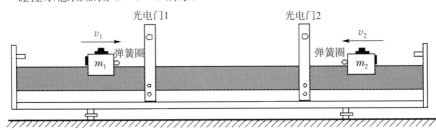

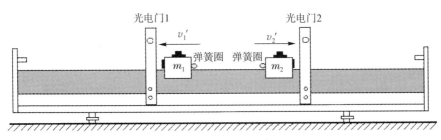

图 2-3-2 碰撞示意图

由于碰撞发生在一维直线上,在规定滑块 1 的初速度 v_1 的方向为正方向后,上述动量的矢量式可以写成简单的标量式

$$m_1 v_1 - m_2 v_2 = -m_1 v_1' + m_2 v_2' \tag{3}$$

只要系统所受的合外力为零,不管碰撞是弹性的还是非弹性的,动量守恒定律都成立.至于机械能是否守恒,除了与碰撞过程中外力是否对系统做功外,还与碰撞的性质有关.

1. 完全弹性碰撞

根据弹性碰撞的动量守恒和机械能守恒公式,即

$$m_1 v_1 - m_2 v_2 = -m_1 v_1' + m_2 v_2' \tag{4}$$

$$\frac{1}{2} m_1 v_1^2 + \frac{1}{2} m_2 v_2^2 = \frac{1}{2} m_1 v_1'^2 + \frac{1}{2} m_2 v_2'^2 \tag{5}$$

两个滑块碰撞后的速度为

$$v_1' = \frac{(m_2 - m_1) v_1 + 2 m_2 v_2}{m_1 + m_2} \tag{6}$$

$$v_2' = \frac{(m_1 - m_2) v_2 + 2 m_1 v_1}{m_1 + m_2} \tag{7}$$

对于两个滑块质量相等的特殊情况,即当 $m_1 = m_2$ 时,有

$$v_1' = v_2 \tag{8}$$

$$v_2' = v_1 \tag{9}$$

即碰撞后滑块彼此交换速度.

2. 完全非弹性碰撞

如果两个滑块碰撞后粘在一起,并以同一速度运动,则是完全非弹性碰撞. 此时动量守恒,但机械能不守恒. 设此时两个滑块一起运动的速度为 v,即 $v_1' = v_2' = v$,由(2)式得

$$v = \frac{m_1 v_1 + m_2 v_2}{m_1 + m_2} \tag{10}$$

当 $m_1 = m_2$,有

$$v = \frac{v_1 + v_2}{2} \tag{11}$$

即两个滑块碰撞后的共同速度为两滑块碰撞前速度矢量和的一半.

3. 非完全弹性碰撞

一般的碰撞都是介于完全弹性碰撞和完全非弹性碰撞之间的非完全弹性碰撞,此种情况下,动量守恒,但机械能有一定的损失. 具体分析过程视具体碰撞情况而定.

四、实验内容

使用气垫导轨验证动量守恒定律.

五、实验步骤

1. 气垫导轨水平调节

(1)安装光电门. 连接光电门与数字测时器,将光电门 A 置于导轨 40 cm

处,将光电门 B 置于导轨 80 cm 处.调节光电门与滑块上遮光板之间的间距,使光电门可以正常工作.

(2)粗调.打开气泵,将滑块无初速地放置到气垫导轨的中部,调节导轨右侧的单脚螺丝,使滑块在导轨中部做小幅度摆动或基本静止.

(3)细调.打开数字测时器,选择测时器"2Pr"档,按"执行"键.将滑块放到导轨单脚螺丝一侧,轻轻给滑块一个初速度,使其依次通过两个光电门,此时显示器将显示出滑块上遮光板通过的第二个光电门的遮光时间.按一次"选择"键,则显示出遮光板通过的第一个光电门的遮光时间.若两次遮光时间相差在 1 ms 以内,则认为导轨已经调平;否则,应仔细调节单脚螺丝,重复上述过程,直至导轨水平.

2.验证动量守恒定律

(1)用天平称量两个滑块的质量,放在导轨左侧的为 m_1、右侧的为 m_2.

(2)重新选择测时器"8cc"档,按"执行"键,设定遮光板宽度为 2.0 cm,按"执行"键.

(3)将滑块轻轻放在导轨两端,以适当的速度向中间推动滑块,并使其自由通过光电门并在两光电门之间发生碰撞,待滑块弹回再次经过光电门后,取下滑块.此时显示器显示的是滑块 2 的初速度 v_2 的大小,按一次"选择"键,显示出滑块 2 的末速度 v_2' 的大小,再按一次"执行"键,显示出滑块 1 的末速度 v_1' 的大小,最后按一次"选择"键,显示出滑块 1 的初速度 v_1 的大小,依次填入表格中.

(4)按"执行"键,重复步骤 3,进行多次测量.

六、实验数据记录与处理

$$p = m_1 v_1 - m_2 v_2 \quad p' = -m_1 v_1' + m_2 v_2'$$

$m_1 = $ _____ g,$m_2 = $ _____ g.

次数	v_2	v_2'	v_1'	v_1	p	p'	$\left|1-\dfrac{p'}{p}\right| \times 100\%$
1							
2							
3							
4							

七、思考题

做碰撞实验时,两个光电门要尽可能靠得近一些还是远一些?为什么?

实验四 杨氏模量的测量

一、实验目的

1. 掌握基本长度和微小位移量测量的新方法和手段.
2. 学会用弯曲法测量金属板材的杨氏模量.
3. 学会对霍尔位置传感器定标.
4. 学会用逐差法处理数据.

二、实验仪器

霍尔位置传感器及杨氏模量装置1台(底座固定箱、读数显微镜、95A型集成霍尔位置传感器、磁铁2块、支架、砝码盘及砝码等),霍尔位置传感器输出信号测量仪1台(包括直流数字电压表),如图2-4-1所示.

图2-4-1 杨氏模量测量集成实验装置

1. 杨氏模量测定仪

杨氏模量测定仪主体装置如图2-4-2所示.

2. 其他用具

米尺、游标卡尺、螺旋测微器、砝码和待测材料(一根黄铜、一根可铸锻铁).

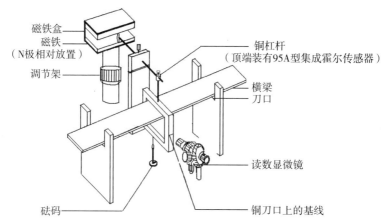

图 2-4-2 杨氏模量测定仪主体装置

三、实验原理

1. 杨氏模量

固体在外力作用下发生的形状变化称为形变,形变可以分为弹性形变和范性形变两大类.外力撤销后能完全恢复原状的变化称为弹性形变;外力撤销后不能完全恢复原来形状的变化称为范性形变.根据物体的形变特征,弹性形变又可分为拉伸形变、剪切形变和体涨形变.在描述形变与受力之间的关系时,分别用杨氏模量、剪切模量和体变模量来表示.本实验只研究拉伸形变,即研究杨氏模量.

如图 2-4-3 所示,设一根金属棒长为 l、截面积为 s,上端固定,下端施加一力 F,金属棒在外力作用下发生弹性形变,伸长量为 Δl,此比值 $\Delta l/l$ 称为应变,比值 F/s 称为应力.

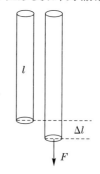

图 2-4-3 拉伸形变演示图

根据胡克 (R. Hooke) 定律,在弹性限度内,物体的应变 $\Delta l/l$ 与物体的应力 F/s 成正比关系,即

$$\frac{F}{s} \propto \frac{\Delta l}{l} \tag{1}$$

即

$$Y = \frac{F/s}{\Delta l/l} \tag{2}$$

式中,比例系数 Y 只取决于物体材料的性质,与其大小、形状和所受力无关,称为材料的杨氏模量.

在横梁发生微小弯曲时,横梁中存在一个中性面,中性面上部分发生压缩,中性面下部分发生拉伸,所以整体来说,横梁发生了长度的变化,即可以用杨氏模量来描写材料的性质.

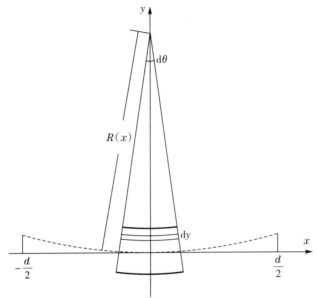

图 2-4-4 横梁发生形变图

如图 2-4-4 所示,虚线表示弯曲横梁的中性面,其既不拉伸也不压缩,取弯曲横梁长为 dx 的一小段. 设曲率半径为 $R(x)$,所对应的张角为 $d\theta$,再取中性面上部距 y 厚为 dy 的一层面为研究对象,那么横梁弯曲后其长变为 $(R(x)-y)\cdot d\theta$,所以,变化量为

$$(R(x)-y)\cdot d\theta - dx$$

又

$$d\theta = \frac{dx}{R(x)}$$

所以

$$(R(x)-y)\cdot d\theta - dx = (R(x)-y)\frac{dx}{R(x)} - dx = -\frac{y}{R(x)}dx$$

所以应变为

$$\varepsilon = -\frac{y}{R(x)}$$

根据胡克定律有

$$\frac{dF}{dS} = -Y\frac{y}{R(x)}$$

又
$$dS = b \cdot dy$$

dF 是 x 的函数,所以
$$dF(x) = -\frac{Y \cdot b \cdot y}{R(x)}dy$$

对 x 位置中性面的转矩为
$$dM(x) = |dF| \cdot y = \frac{Y \cdot b}{R(x)}y^2 \cdot dy$$

对 x 位置中性面不同厚度位置转矩求积分,得
$$M(x) = \int_{-\frac{a}{2}}^{\frac{a}{2}} \frac{Y \cdot b}{R(x)}y^2 \cdot dy = \frac{Y \cdot b \cdot a^3}{12 \cdot R(x)} \tag{3}$$

由高等数学曲率的相关知识,可得模梁上各点曲率 k 为
$$k = \frac{1}{R(x)} = \frac{y''(x)}{[1+y'(x)^2]^{\frac{3}{2}}}$$

因横梁的弯曲微小,故
$$y'(x) = 0$$

所以有
$$R(x) = \frac{1}{y''(x)} \tag{4}$$

横梁平衡时,横梁在 x 处的转矩应与横梁右端支撑力 $\frac{mg}{2}$ 对 x 处的力矩平衡,有
$$M(x) = \frac{mg}{2}\left(\frac{d}{2} - x\right) \tag{5}$$

根据(3)、(4)、(5)式,可以得到
$$y''(x) = \frac{6mg}{Y \cdot b \cdot a^3}\left(\frac{d}{2} - x\right)$$

根据所讨论问题的性质有边界条件:$y(0) = 0$;$y'(0) = 0$;解上面的微分方程,得
$$y(x) = \frac{3mg}{Y \cdot b \cdot a^3}\left(\frac{d}{2}x^2 - \frac{1}{3}x^3\right)$$

将 $x = \frac{d}{2}$ 代入上式,得右端点的 y 值为
$$y = \frac{mg \cdot d^3}{4Y \cdot b \cdot a^3}$$

又
$$y = \Delta Z$$

所以，杨氏模量为

$$Y = \frac{d^3 \cdot mg}{4a^3 \cdot b \cdot \Delta Z} \tag{6}$$

式中，d 为两刀口间的距离，a 为横梁的厚度，b 为横梁的宽度，m 为加挂砝码的质量，ΔZ 为横梁中心由于外力作用而下降的距离，g 为重力加速度．

2. 霍尔位置传感器

1879年，美国物理学家霍尔(Edwin Herbert Hall，1855—1938)发现，当电流 I 垂直于外磁场 B 的方向流过某导电体时，在垂直于电流和磁场的方向上，该导电体的两侧会产生电势差 U_H，它的大小与 I 和 B 的乘积成正比，与导电体沿磁场方向的厚度 d 成反比，这一现象称为霍尔效应．一般来说，金属和电解质的霍尔效应较小，半导体的霍尔效应较显著．霍尔效应的数学表达式为

$$U_H = R_0 IB/d = KIB \tag{7}$$

式中，R_0 为导电体的霍尔系数，或称为元件的霍尔灵敏度．如果保持霍尔元件的电流 I 不变，而使其在一个均匀梯度的磁场中沿梯度方法移动时，则输出的霍尔电势差变化量为

$$\Delta U_H = KI \frac{dB}{dZ} \Delta Z \tag{8}$$

式中，ΔZ 为位移量．此式说明，在一个均匀梯度的磁场中，ΔU_H 与 ΔZ 成正比．

为实现均匀梯度的磁场，可选用如图 2—4—5 所示两块相同的磁铁（磁铁截面积及表面磁感应强度相同），并使 N 极与 N 极相对放置，两磁铁之间留一等间距间隙，霍尔元件平行于磁铁放在该间隙的中轴上．间隙大小要根据测量范围和测量灵敏度的要求而定，间隙越小，磁场梯度就越大，灵敏度就越高．磁铁截面积要远大于霍尔元件的面积，以尽可能地减小边缘效应的影响，提高测量准确度．

由于磁铁间隙内中心截面 A 处的磁感应强度为零，故霍尔元件处于该处时，输出的霍尔电势差应为零．当霍尔元件偏离中心，沿 Z 轴发生位移时，由于磁感应强度不再为零，故霍尔元件就产生相应的电势差输出，其大小可由数字电压表测量．由此，可以将霍尔电势差为零时元件所处的位置作为位移参考零点．

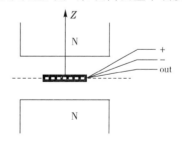

图 2—4—5 均匀梯度的磁场示意图

霍尔电势差与位移量之间存在一一对应关系，当位移量较小时（<2 mm），这一对应关系具有良好的线性．

四、实验内容

测量铜尺或铁尺的杨氏模量.

五、实验步骤

1. 用水准器观察磁铁(或器材平台)是否在水平位置,若发生偏离,可用底座螺丝调节到水平位置.

*2. 调节三维调节架的左右前后位置的调节螺丝,使集成霍尔位置传感器探测元件处于磁铁中间位置.

*3. 调节零点. 调节霍尔传感器的上下位置,当数字电压表读数为零或读数值极小时,停止调节,最后调节补偿电压电位器,使数字电压表读数为零.

4. 调节读数显微镜目镜,使眼睛观察十字准线和双线清晰.

5. 通过移动改变读数显微镜前后距离,使操作者能清晰地看到铜刀上的基线,使双线与基线平行.

6. 转动读数显微镜的鼓轮,使刀口架的基线上边缘与读数显微镜内双线重合,记下初始读数值 n_0.

7. 逐次增加砝码 m_i(每次增加 10 g 砝码),从读数显微镜上读出加相应砝码时横梁弯曲的刻度 n_i.

*8. 读出数字电压表相应的读数 U(单位 mV),以便对霍尔位置传感器进行定标.

9. 测量横梁两刀口间的长度 d、不同位置横梁宽度 b 和横梁厚度 a.

10. 用逐差法按公式进行计算,求得相应材料的杨氏模量.

六、实验数据记录与处理

1. 数据记录

m/g		0 g	10 g	20 g	30 g	40 g	50 g	60 g	70 g
黄铜	n_i								
	*U/mV								
铁	n_i								
	*U/mV								

样品 项目		黄铜			铁		
横梁厚度 (mm)	a						
	$\bar{a}$						
横梁宽度 (mm)	b						
	$\bar{b}$						
刀口距离 d(cm)							

$$Y = \frac{d^3 mg}{4a^3 b \Delta Z} = \underline{\qquad}.$$

2. 数据处理

(1) 用逐差法计算出 Δn，则 $\Delta Z = \Delta n \times$ 显微镜精度（单位：mm），按照公式(6)求出相应材料的杨氏模量.

*(2) 求出霍尔位置传感器的灵敏度 $\frac{\Delta U}{\Delta Z}$.

实验五 声速测量

一、实验目的

1. 学习测量超声波在空气中的传播速度的方法.
2. 加深对驻波和振动合成等理论知识的理解.
3. 了解压电换能器的功能，培养综合使用仪器的能力.

二、实验仪器

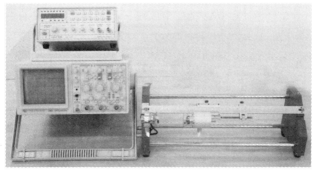

图 2-5-1 声速测量仪实物装置

声速测量仪、示波器和信号发生器.

三、实验原理

声波是一种在弹性媒质中传播的机械波,振动频率在 20～20000 Hz 的声波称为可闻声波,频率低于 20 Hz 的声波称为次声波,频率高于 20000 Hz 的声波称为超声波.声波的波长、频率、强度、传播速度等是声波的特性.对这些量的测量是声学技术的重要内容,如声速的测量在声波定位、探伤、测距中有着广泛的应用.测量声速最简单的方法之一是利用声速与振动频率 f 和波长 λ 之间的关系(即 $v=f\lambda$)来进行的.由于超声波具有波长短、能定向传播等特点,所以在超声波段进行声速测量是比较方便的.本实验就是测量超声波在空气中的传播速度.超声波的发射和接收一般通过电磁振动与机械振动的相互转换来实现,最常见的是利用压电效应和磁致伸缩效应.在实际应用中,对于超声波测距、定位测液体流速、测材料弹性模量、测量气体温度的瞬间变化等方面,超声波传播速度都具有重要意义.

声速 v、声源振动频率 f 和波长 λ 之间的关系为

$$v = f\lambda \tag{1}$$

可见,只要测得声波的频率 f 和波长 λ,就可求得声速 v.其中声波频率 f 可通过频率计测得.本实验的主要任务是测声波波长 λ,常用的方法有驻波法和相位法两种.

1. 驻波法

按照波动理论,发生器发出的平面声波经介质到接收器,若接收面与发射面平行,声波在接收面处就会被垂直反射,于是平面声波在两端面间来回反射并叠加.当接收端面与发射端面的距离恰好等于半波长的整数倍时,叠加后的波就形成驻波,此时相邻两波节(或波腹)间的距离等于半个波长(即 $\lambda/2$).当发生器的激励频率等于驻波系统的固有频率(本实验中压电陶瓷的固有频率)时,会产生驻波共振,波腹处的振幅达到最大值.声波是一种纵波,由纵波的性质可以证明,驻波波节处的声压最大.当发生共振时,接收端面处为一波节,接收到的声压最大,转换成的电信号也最强.移动接收器到某个共振位置时,如果示波器上出现了最强的信号,继续移动接收器,再次出现最强的信号时,则两次共振位置之间的距离即为 $\lambda/2$.

*2. 相位法

波是振动状态的传播,也可以说是相位的传播.在波的传播方向上的任何两点,如果其振动状态相同或者其相位差为 2π 的整数倍,则这两点间的距离应等于波长的整数倍,即

$$l = n\lambda \quad (n \text{ 为正整数}) \tag{2}$$

利用这个公式可精确地测量波长.若超声波发生器发出的声波是平面波,当接收器端面垂直于波的传播方向时,其端面上各点都具有相同的相位.沿传播方向移动接收器时,总可以找到一个位置使得接收到的信号与发射器的激励电信号同相;继续移动接收器,直到找到的信号再一次与发射器的激励电信号同相时,移过的这段距离就等于声波的波长.需要说明的是,在实际操作中,用示波器测定电信号时,由于换能器振动的传递或放大电路的相移,接收器端面处的声波与声源并不同相,故总是有一定的相位差.为了判断相位差并测量波长,可以利用双线示波器直接比较发射器的信号和接收器的信号,进而沿声波传播方向移动接收器寻找同相点来测量波长;也可以利用李萨如图形寻找同相或反相时椭圆退化成直线的点.

三、实验内容

1. 用驻波法测声速.
*2. 用相位法测声速.

四、实验内容及步骤

1. 驻波法

(1)按图 2－5－2 连接电路,使 S_1 和 S_2 靠近并留有适当的空隙,使两端面平行且与游标尺正交.

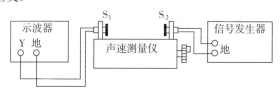

图 2－5－2　驻波法测声速实验装置图

(2)根据实验室给出的压电陶瓷换能片的振动频率 f,将信号发生器的输出频率调至 f 附近,缓慢移动 S_2,当在示波器上看到正弦波首次出现振幅较大处时,固定 S_2,再仔细微调信号发生器的输出频率,使荧光屏上图形振幅达到最大,读出共振频率 f.

(3)在共振条件下,将 S_2 移近 S_1,再缓慢移开 S_2,当示波器上出现振幅最大时,记下 S_2 的位置 L_1.

(4)由近及远移动 S_2,逐次记下各振幅最大时 S_2 的位置 $L_2,\cdots,L_8$,共测 8 个以上.

(5)用逐差法算出声波波长的平均值.

*2. 相位法

(1)按图 2－5－3 连接电路.

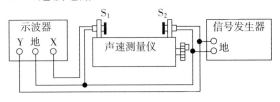

图 2－5－3　相位法测声速实验装置图

(2)将示波器"秒/格"旋钮旋至 X－Y 挡,信号发生器接示波器 CH2 通道,用李萨如图形观察发射波与接收波的位相差(示波器的使用参阅实验十三附录).

(3)在共振条件下,使 S_2 靠近 S_1,然后慢慢移开 S_2,当示波器上出现 45°倾斜线时,微调游标卡尺的微调螺丝,使图形稳定,记下 S_2 的位置 L_1.

(4)继续缓慢移开 S_2,依次记下示波器上出现直线时游标卡尺的读数 $L_2,\cdots,L_8$,共测 8 个以上.

(5)用逐差法算出声波波长的平均值.

六、注意事项

1.实验前应了解压电换能器的谐振频率.

2.实验过程中要保持激振电压不变.

七、实验数据记录与处理

1.驻波法

$f=$ ＿＿＿＿＿＿＿＿ .

次数 \ 坐标	L_1	L_2	L_3	L_4	L_5	L_6	L_7	L_8	λ
1									
2									
3									
4									

$\lambda=$ ＿＿＿＿＿＿＿＿　　　$v=\lambda f=$ ＿＿＿＿＿＿＿＿ .

*2.相位法

$f = $ _____.

位置	L_1	L_2	L_3	L_4	L_5	L_6	L_7	L_8
数据								

$\lambda = $ _____ $v = \lambda f = $ _____.

八、思考题

1. 用逐差法处理数据的优点是什么?
2. 如何判断测量系统是否处于共振状态?
3. 分析压电换能器的工作原理.

九、附录

1. 测声速的另一种方法

在理想气体中声波的传播速度为

$$v = \sqrt{\frac{\gamma R T}{\mu}} \tag{3}$$

式中,$\gamma = C_p/C_v$,称为比热比(或绝热系数),即气体定压比热容与定容比热容的比值,μ 是气体的摩尔质量,T 是绝对温度,$R = 8.31441 \text{ J} \cdot \text{mol}^{-1} \cdot \text{K}^{-1}$,为普适气体常数.可见,声速与温度、比热比和摩尔质量有关,而后两个因素与气体成分有关.因此,测定声速可以推算出气体的一些参量.利用(3)式的函数关系还可以制成声速温度计.在正常情况下,干燥空气成分按重量比为氮:氧:氩:二氧化碳 $= 78.084:20.946:0.934:0.033$,空气的平均摩尔质量 μ 为 $28.964 \text{ kg} \cdot \text{mol}^{-1}$.在标准状态下,干燥空气中的声速为 $v_0 = 331.5 \text{ m} \cdot \text{s}^{-1}$.在室温为 $t_0 ℃$ 时,干燥空气的声速为

$$v = v_0 \sqrt{1 + \frac{t}{T}} \tag{4}$$

实际上空气并不是干燥的,总含有一些水蒸气,经过对空气摩尔质量和比热比的修正,在温度为 $t_0 ℃$、相对湿度为 r 的空气中,声速为

$$v = 331.5 \sqrt{\left(1 + \frac{t}{T_0}\right)\left(1 + 0.31 \frac{\gamma P_s}{P}\right)} \tag{5}$$

式中,$T_0 = 273.15 \text{ K}$;P_s 为 $t_0 ℃$ 时空气的饱和蒸汽压,可从饱和蒸汽压与温度的关系表中查出;P 为大气压,P 取 1.013×10^5 Pa 即可;相对湿度 r 可从干湿温度计上读出.由这些气体参量可以计算出声速.

2. 声速测量仪

声速测量仪必须配上示波器和信号发生器才能完成测量声速的任务. 声速测量仪示意图如图 2－5－4 所示.

声速测量仪是利用压电体的逆压电效应,即在信号发生器产生的交变电压下使压电体产生机械振动,而在空气中激发出超声波. 本仪器采用的是锆钛酸铅制成的压电陶瓷管或称压电换能器,将它固连在合金制成的阶梯形变幅杆上,再将它们与信号发生器连接组成超声波发生器,如图 2－5－5 所示. 当压电陶瓷处于某交变电场时,会发生周期性的伸长与缩短. 当交变电场频率与压电陶瓷管的固有频率相同时,振幅最大,这个振动又被传递给变幅杆,使它产生沿轴向的振动,于是变幅杆的端面在空气中激发出超声波. 本仪器的压电陶瓷的振动频率在 40 kHz 以上,相应的超声波波长约为几毫米. 由于它的波长短,定向发射性能好,所以是比较理想的波源.

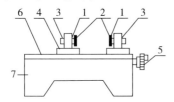

1.压电换能器;2.增强片;3.变幅杆;
4.可移动底座;5.刻度鼓轮;6.标尺;
7.底座

图 2－5－4　声速测量仪示意图

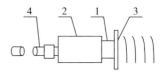

1.压电陶瓷管;2.变幅杆;
3.增强片;4.缆线

图 2－5－5　超声波发生器原理图

第三章

热学实验

实验六 金属比热容的测量(冷却法)

一、实验目的

1. 了解冷却定律,并用冷却法测量金属的比热容.
2. 学习一种把曲线变为直线的数据处理方法.

二、实验仪器

DH4603型冷却法金属比热容测量仪和待测量金属材料(铜、铁、铝).

本实验装置由加热仪和测试仪组成,如图3-6-1所示.加热仪的加热装置可通过调节手轮自由升降.待测样品安放在有较大容量的防风圆筒即样品室内

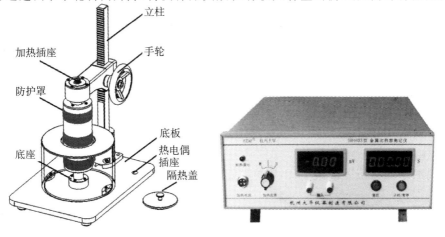

图3-6-1 DH4603型冷却法金属比热容测量仪

的底座上,测温热电偶放置于待测样品内的小孔中.当加热装置向下移动到底后,对待测样品进行加热;样品需要降温时,则将加热装置移开.仪器内设有自动控制限温装置,防止因长期不切断加热电源而引起温度不断升高.测量试样温度采用的是常用的铜—康铜做成的热电偶(其热电势约为 0.042 mV/℃),将热电偶的冷端置于冰水混合物中,带有测量扁叉的一端接到测试仪的"输入"端.热电势差的二次仪表由高灵敏、高精度、低漂移的放大器放大加上满量程为 20 mV 的三位半数字电压表组成.这样当冷端为冰点时,由数字电压表显示的 mV 数查表即可换算成对应待测温度值.

三、实验原理

根据牛顿冷却定律,用冷却法测定金属或液体的比热容是热力学中常用的方法之一.若已知标准样品在不同温度时的比热容,通过作冷却曲线可测得各种金属在不同温度时的比热容.本实验以铜样品为标准样品来测定铁、铝样品在 100 ℃时的比热容.通过实验了解金属的冷却速率及其与环境之间的温差关系,以及进行测量的实验条件.热电偶数字显示测温技术是当前生产实际中常用的测试方法,它比一般的温度计测温方法有着测量范围广、计值精度高、可以自动补偿热电偶的非线性因素等优点;其次,它的电量数字化还可以对工业生产自动化中的温度量直接起着监控作用.

单位质量的物质,其温度升高(或降低)1 K 所吸收(或放出)的热量,称为该物质的比热容(specific heat capacity),用 c 表示,比热容的单位是焦耳/(千克·开)(J/(kg·K)),随着温度的变化而不同.

本实验用冷却法测定金属(铁、铝)在 100 ℃时的比热容.通常可通过辐射、传导、对流三种方式来进行热量传递.对流通常又可以分为自然对流和强迫对流两类.前者主要是因为空间各处的温度不同和密度不同而引起发热体周围流体的流动,通过流体的流动,将热量传到较冷的物体表面(或将热量分散到流体的其余部分去);强迫对流是通过气泵或风扇的作用来维持热体的流动.

将质量为 M_1 的金属样品加热后,放在较低温的介质(例如室温的空气)中,样品逐渐冷却.单位时间内热量损失应与温度下降速率成正比(由于金属样品的直径和长度都很小,而导热性能又很好,所以可认为样品各处的温度相同),即

$$\frac{\Delta Q}{\Delta t} = c_1 M_1 \frac{\Delta \theta_1}{\Delta t} \tag{1}$$

式中,c_1 为金属样品在温度 θ_1 时的比热容,$\Delta \theta_1 / \Delta t$ 为金属样品在温度 θ_1 时的温

度下降速率. 根据冷却定律, 热体因对流而损失的热量表示为

$$\frac{\Delta Q}{\Delta t} = a_1 S_1 (\theta_1 - \theta_0)^a \qquad (2)$$

式中, $\Delta Q/\Delta t$ 表示单位时间内表面积为 S_1 的热体因对流而损失的热量, a_1 为热交换系数, S_1 为样品外表面的面积, a 为常数(强迫对流时, $a=1$; 自然对流时, $a=5/4$), θ_1 为样品温度, θ_0 为周围介质的温度.

由(1)式和(2)式可得

$$\frac{\Delta \theta_1}{\Delta t} = \frac{a_1 S_1}{c_1 M_1} (\theta_1 - \theta_0)^a \qquad (3)$$

同理, 对质量为 M_2、比热容为 c_2 的另一种样品, 则有同样的表达式

$$\frac{\Delta \theta_2}{\Delta t} = \frac{a_2 S_2}{c_2 M_2} (\theta_2 - \theta_0)^a \qquad (4)$$

(3)式除以(4)式, 得

$$\frac{\frac{\Delta \theta_1}{\Delta t}}{\frac{\Delta \theta_2}{\Delta t}} = \frac{a_1 S_1 c_2 M_2 (\theta_1 - \theta_0)^a}{a_2 S_2 c_1 M_1 (\theta_2 - \theta_0)^a} \qquad (5)$$

如果两种样品的形状与尺寸相同, 即 $S_1 = S_2$, 两种样品的表面状况也相同, 周围介质(空气)的性质也不变, 则有 $a_1 = a_2$. 于是, 当周围介质温度不变, 即室内温度 θ_0 恒定, 且两种样品又处于相同温度 $\theta_1 = \theta_2 = \theta$ 时, (5)式也可简化为

$$c_2 = c_1 \frac{M_1 \left(\frac{\Delta \theta}{\Delta t}\right)_1}{M_2 \left(\frac{\Delta \theta}{\Delta t}\right)_2} \qquad (6)$$

$(\Delta \theta/\Delta t)_1$ 与 $(\Delta \theta/\Delta t)_2$ 分别为第一种样品和第二种样品在温度 θ 时的冷却速率, 由此可求出待测样品在温度 θ 时的比热容. 冷却规律研究表明, 假设金属固体在不太高的温度范围内, 比热容随温度变化很小, 则(3)式可写成

$$\frac{\Delta \theta}{\Delta t} = \frac{a_1 S_1}{c M_1} (\theta - \theta_0)^a \qquad (7)$$

两边取对数, 有

$$\lg \frac{\Delta \theta}{\Delta t} = a \lg (\theta - \theta_0) + \lg \frac{a_1 S_1}{c M_1} \qquad (8)$$

通过实验, 作 $(\theta - \theta_0) \sim t$ 冷却曲线, 在冷却曲线上作切线, 如图 3-6-2 所示, 并求出曲线的斜率. 得到各温度 $\theta - \theta_0$ 的冷却速率 $|\Delta \theta/\Delta t|$. 在双对数坐标纸上以 $\theta - \theta_0$ 为横轴, $|\Delta \theta/\Delta t|$ 为纵轴, 作 $|\Delta \theta/\Delta t| \sim \theta - \theta_0$ 图像, 如图 3-6-3 所示. 由(8)式可知各实验点将连成一直线, 直线的斜率为 a, 截距为 $\lg(a_1 S_1/c M_1)$, 将 a、$(a_1 S_1/c M_1)$ 代入(7)式, 可得样品冷却表达式. 如果已知标准金属样品的比热容 c_1、质量 M_1,

待测样品的质量 M_2 及两种样品在温度 θ 时冷却速率之比,则可以求出待测金属材料的比热容 c_2.

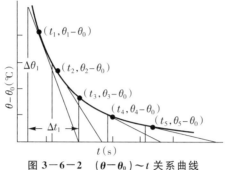

图 3-6-2　$(\theta-\theta_0) \sim t$ 关系曲线

几种金属材料的比热如表所示.

温度 比热容	$c_{Fe}(J/(kg \cdot K))$	$c_{Al}(J/(kg \cdot K))$	$c_{Cu}(J/(kg \cdot K))$
100 ℃	460.90	963.70	393.86

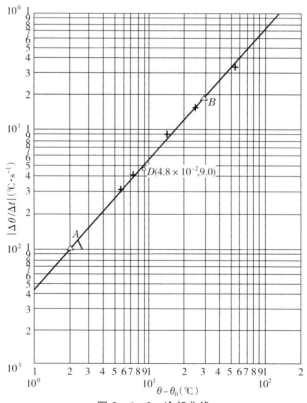

图 3-6-3　冷却曲线

四、实验内容

测量金属(铁、铝)的比热容.

五、实验步骤

开机前先连接好加热仪和测试仪,共有加热四芯线和热电偶线两组线.

1. 选取长度、直径、表面光洁度尽可能相同的三种金属样品(铜、铁、铝),用物理天平或电子天平称出它们的质量 M_0. 再根据 $M_{Cu} > M_{Fe} > M_{Al}$ 这一特点,把它们区别开来.

2. 使热电偶端的铜导线与数字表的正端相连,冷端铜导线与数字表的负端相连. 当样品加热到 150 ℃(此时热电势显示约为 6.7 mV)时,切断电源,移去加热源,样品继续安放在与外界基本隔绝的有机玻璃圆筒内,自然冷却(筒口须盖上盖子),记录样品的冷却速率 $(\Delta\theta/\Delta t)_{\theta=100℃}$. 具体做法是,记录数字电压表上示值约从 $E_1 = 4.36$ mV 降到 $E_2 = 4.20$ mV 所需的时间 Δt(因为数字电压表上的显示数字是跳跃性的,所以 E_1、E_2 只能取附近的值),从而计算 $(\Delta E/\Delta t)_{E=4.28\,mV}$. 按照铁、铜、铝的次序,分别测量其温度下降速率,每一样品重复测量 5 次. 热电偶的热电动势与温度的关系在同一小温差范围内可以看成线性关系,即

$$\frac{\left(\dfrac{\Delta\theta}{\Delta t}\right)_1}{\left(\dfrac{\Delta\theta}{\Delta t}\right)_2} = \frac{\left(\dfrac{\Delta E}{\Delta t}\right)_1}{\left(\dfrac{\Delta E}{\Delta t}\right)_2}$$

则(6)式可以简化为

$$c_2 = c_1 \frac{M_1 (\Delta t)_2}{M_2 (\Delta t)_1}$$

3. 仪器的加热指示灯亮,表示正在加热;如果连接线未连好或加热温度过高(超过 200 ℃)导致自动保护时,指示灯不亮. 升到指定温度后,应切断加热电源.

注意 测量降温时间时,按"计时"或"暂停"按钮应迅速、准确,以减小人为计时误差.

4. 加热装置向下移动时,动作要慢,应注意使待测样品垂直放置,以使加热装置能完全套入待测样品.

六、实验数据记录与处理

样品质量:$M_{Cu} = $ _____ g, $M_{Fe} = $ _____ g, $M_{Al} = $ _____ g.
热电偶冷端温度:_____ ℃,冷端热电势:_____ mV.

样品由_____下降到_____所需时间:(单位为 s)

次数 样品	1	2	3	4	5	平均值 Δt
Cu(s)						
Fe(s)						
Al(s)						

以铜为标准:$c_1 = c_{Cu} = 393.86 \text{ J/(kg·K)}$;

铁:$c_2 = c_1 \dfrac{M_1 (\Delta t)_2}{M_2 (\Delta t)_1} = $ _____ J/(kg·K);

铝:$c_3 = c_1 \dfrac{M_1 (\Delta t)_3}{M_3 (\Delta t)_1} = $ _____ J/(kg·K).

七、思考题

1. 为什么实验应该在防风筒(即样品室)中进行?
2. 测量三种金属的冷却速率,并在图纸上绘出冷却曲线,求出它们在同一温度点上的冷却速率.

八、附录

铜-康铜热电偶分度表

温度 (℃)	热电势(mV)									
	0	1	2	3	4	5	6	7	8	9
−10	−0.383	−0.421	−0.458	−0.496	−0.534	−0.571	−0.608	−0.646	−0.683	−0.720
−0	0.000	−0.039	−0.077	−0.116	−0.154	−0.193	−0.231	−0.269	−0.307	−0.345
0	0.000	0.039	0.078	0.117	0.156	0.195	0.234	0.273	0.312	0.351
10	0.391	0.430	0.470	0.510	0.549	0.589	0.629	0.669	0.709	0.749
20	0.789	0.830	0.870	0.911	0.951	0.992	1.032	1.073	1.114	1.155
30	1.196	1.237	1.279	1.320	1.361	1.403	1.444	1.486	1.528	1.569
40	1.611	1.653	1.695	1.738	1.780	1.882	1.865	1.907	1.950	1.992
50	2.035	2.078	2.121	2.164	2.207	2.250	2.294	2.337	2.380	2.424
60	2.467	2.511	2.555	2.599	2.643	2.687	2.731	2.775	2.819	2.864
70	2.908	2.953	2.997	3.042	3.087	3.131	3.176	3.221	3.266	3.312
80	3.357	3.402	3.447	3.493	3.538	3.584	3.630	3.676	3.721	3.767

续表

温度 (℃)	热电势(mV)									
	0	1	2	3	4	5	6	7	8	9
90	3.813	3.859	3.906	3.952	3.998	4.044	4.091	4.137	4.184	4.231
100	4.277	4.324	4.371	4.418	4.465	4.512	4.559	4.607	4.654	4.701
110	4.749	4.796	4.844	4.891	4.939	4.987	5.035	5.083	5.131	5.179
120	5.227	5.275	5.324	5.372	5.420	5.469	5.517	5.566	5.615	5.663
130	5.712	5.761	5.810	5.859	5.908	5.957	6.007	6.056	6.105	6.155
140	6.204	6.254	6.303	6.353	6.403	6.452	6.502	6.552	6.602	6.652
150	6.702	6.753	6.803	6.853	6.903	6.954	7.004	7.055	7.106	7.156
160	7.207	7.258	7.309	7.360	7.411	7.462	7.513	7.564	7.615	7.666
170	7.718	7.769	7.821	7.872	7.924	7.975	8.027	8.079	8.131	8.183
180	8.235	8.287	8.339	8.391	8.443	8.495	8.548	8.600	8.652	8.705
190	8.757	8.810	8.863	8.915	8.968	9.024	9.074	9.127	9.180	9.233
200	9.286									

注意 不同的热电偶的输出有一定的偏差,所以以上表格的数据仅供参考.

实验七 导热系数的测量(冷却法)

一、实验目的

1. 用稳态法测定不良导热体(硅胶垫)的导热系数.
2. 初步学习用热电偶进行温度测量.

二、实验仪器

TC-3型导热系数测定仪、橡胶样品和硅油.

三、实验原理

测量导热系数(热导率)的方法比较多,可以归并为两类基本方法:一类是稳态法;另一类为动态法.用稳态法时,先用热源对测试样品进行加热,并在样品内部形成稳定的温度分布,然后进行测量;而在动态法中,待测样品中的温度分布是随时间变化的,例如按周期性变化等.本实验采用稳态法进行测量.

根据傅立叶导热方程式,在物体内部,取两个垂直于热传导方向、彼此间相距为 h、温度分别为 T_1 和 T_2(设 $T_1 > T_2$)的平行平面,若平面面积均为 ΔS,则在 Δt 时间内通过面积 ΔS 的热量 ΔQ 满足

$$\frac{\Delta Q}{\Delta t} = \lambda \cdot \Delta S \cdot \frac{T_1 - T_2}{h} \tag{1}$$

式中,λ 为该物质的导热系数,也称热导率. 由此可知,导热系数是一个表示物质热传导性能的物理量,其数值等于两相距单位长度的平行平面上,当温度相差一个单位时,在单位时间内垂直通过单位面积所流过的热量,其单位为 W/(m·K). 材料的结构变化与杂质的多寡对导热系数都有明显的影响;同时,导热系数一般随温度的变化而变化,所以实验时对温度变化要做详细记录.

本实验中使用的是 TC-3 型导热系数测定仪,具体结构如图 3-7-1 所示,主要由以下五大部分组成:

(1)加热源:电热管加热铜板.
(2)测试样品支架:支架、样品板、散热铜板、风扇.
(3)测温部分:热电偶、数字式毫伏表、杜瓦瓶.
(4)数字计时装置:计时 166 min,分辨率为 0.1 s.
(5)PID 自动温度控制装置:控制精度为 ±1 ℃,分辨率为 0.1 ℃.

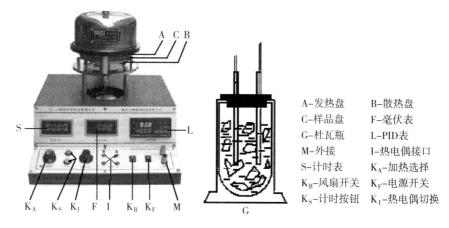

图 3-7-1 TC-3 型导热系数测定仪结构图

实验时在支架上先放上圆铜盘 B,在 B 的上面放上待测样品 C(圆盘形的不良导体),再把带发热器的圆铜盘 A 放在 C 上.发热器通电后,热量从 A 盘传到

C盘,再传到B盘,由于A、B盘都是良导体,其温度即可以代表C盘上、下表面的温度T_1和T_2. T_1、T_2分别由插入A、B盘边缘小孔的热电偶Ⅰ来测量,热电偶的冷端则浸在杜瓦瓶G中的冰水混合物中,通过传感器切换开关K_1切换A、B盘中的热电偶Ⅰ、Ⅱ与数字电压表F的连接回路. 由(1)式可知,单位时间内通过待测样品C任一圆截面的热流量速率$\Delta Q/\Delta t$为

$$\frac{\Delta Q}{\Delta t} = \lambda \frac{T_1 - T_2}{h_C} \pi R_C^2 \tag{2}$$

式中,R_C为样品的半径,h_C为样品的厚度. 当热传导达到稳定状态时,T_1和T_2的值不变,于是通过样品盘C上表面的热流量速率与由散热铜盘B向周围环境散热的速率相等,因此,可通过铜盘B在稳定温度T_2时的散热速率来求出样品的热流量速率$\Delta Q/\Delta t$. 实验中,在读得稳定时的T_1、T_2后,即可将C盘移去,从而使盘A的底面与铜盘B直接接触. 当盘B的温度上升到高于稳定时的值T_2若干摄氏度(0.2 mV)后,再将圆盘A移开,让铜盘B自然冷却. 观察其温度T_2随时间t的变化情况,然后由此求出铜盘B在T_2的冷却速率$\Delta T/\Delta t|_{T=T_2}$,而$\Delta Q/\Delta t = m_B \cdot c \cdot \Delta T/\Delta t|_{T=T_2}$($m_B$为铜盘B的质量,$c$为铜材的比热容)就是铜盘B在温度为$T_2$时的散热速率. 但要注意的是,这样求出的$\Delta T/\Delta t|_{T=T_2}$是铜盘B的全部表面暴露于空气中的冷却速率,其散热表面积为$2\pi R_B^2 + 2\pi R_B h_B$(其中$R_B$与$h_B$分别为铜盘B的半径与厚度). 然而,在观察测试样品C的稳态传热时,盘B的上表面(面积为πR_B^2)是被样品覆盖着的. 考虑到物体的冷却速率与它的表面积成正比,则稳态时铜盘B散热速率的表达式修正为

$$\frac{\Delta Q}{\Delta t} = m_B c \frac{\Delta T}{\Delta t}\Big|_{T=T_2} \times \frac{(\pi R_B^2 + 2\pi R_B h_B)}{(2\pi R_B^2 + 2\pi R_B h_B)} \tag{3}$$

将(3)式代入(2)式,得

$$\lambda = m_B c \frac{\Delta T}{\Delta t}\Big|_{T=T_2} \times \frac{(R_B + 2h_B)}{(2R_B + 2h_B)(T_1 - T_2)} \times \frac{h_C}{\pi R_C^2} \tag{4}$$

四、实验内容

测量硅胶垫或金属铝的导热系数.

五、实验步骤

1. 把橡胶盘C放入加热盘A和散热盘B之间,用三个螺旋头E夹紧.

2. 在杜瓦瓶G中放入冰水混合物,将两热电偶的冷端(两条黑线)插入杜瓦瓶中(没有杜瓦瓶时,也可将两热电偶的冷端暴露在空气中),在热电偶的热端(两条蓝线)抹上一些硅油后,分别插入加热盘A和散热盘B侧面的小孔中,并

将其温差电动势(本实验选用铜－康铜热电偶,温差 100 ℃时,温差电动势约 4.2 mV)输出的插头分别插到仪器面板的热电偶插座Ⅰ和Ⅱ上,如图 3－7－2 和 3－7－3 所示.

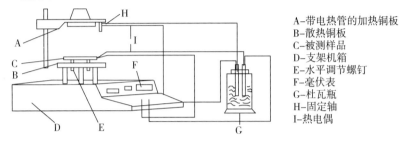

图 3－7－2　TC－3 型导热系数测定仪连线图

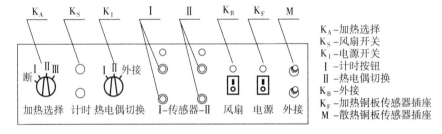

图 3－7－3　TC－3 型导热系数测定仪主面板布置图

3.测量稳态时温度 T_1 和 T_2 的数值.接通电源,打开电扇开关 K_B(使散热盘有效、稳定地散热),将"温度控制 PID"仪表上设置加温的上限温度(100 ℃),加热器开关 K_A 打到高热挡.当上盘热电偶的温度 T_1 约为 4 mV 时,再将加热开关 K_A 置于低温挡,降低加热电压,以免温度过高.

4.记录数据.从开关 K_A 置于低温挡后开始,每隔 2 min 记录 T_1 和 T_2 的值,当 T_1 和 T_2 的数值在 10 min 内的变化小于 0.02 mV,或 T_2 的数值在 10 min 内不变时,即可认为已达到稳定状态(约需 40 min),并记下稳定时的 T_1 和 T_2.

5.移开圆盘 A,取下橡胶盘 C,并使圆盘 A 的底面与铜盘 B 直接接触,当盘 B 的温度上升到高于稳定态的值 T_2 若干摄氏度(0.2 mV 左右)后,关掉加热器开关 K_A(电扇仍处于工作状态),将 A 盘移开(注意:此时橡胶盘 C 不再放上),让铜盘 B 自然冷却.每隔 20 s 一次(注意:记录的数据必须保证温度稳态值 T_2 在其测量范围以内),以此来测量散热盘 B 在温度稳态值 T_2 附近的冷却速率 $\Delta T/\Delta t|_{T=T_2}$.

6.关掉电扇开关 K_B 和电源开关 K_F.

六、注意事项

1. 使用前将加热铜板 A 与散热铜板 B 擦干净,样品两端面擦干净后,必要时可涂上少量硅油,以保证接触良好.

2. 实验过程中,如需触及电热板,应先关闭电源,以免烫伤.

3. 实验结束后,应切断电源,妥善放置测量样品,不要使样品两端面划伤而影响实验的正确性.

七、实验数据记录与处理

1. 基本数据

铜的比热容 $c=385.06$ J/(kg·K).

(1) 散热盘 B. 半径 $R_B=$ _____ mm,厚度 $h_B=$ _____ mm,质量 $m_B=$ _____ g.

(2) 橡胶盘 C. 半径 $R_C=$ _____ mm,厚度 $h_C=$ _____ mm.

2. 实验数据

(1) 稳态时 T_1、T_2 的数据(每隔 2 min 记录).

i	1	2	3	4	5	6	7	8	9	10	平均
T_1(mV)											
T_2(mV)											

(2) 冷却速率.

t(s)	0	20	40	60	80	100	120	$\frac{\Delta T}{\Delta t}\big|_{T=T_2}$(mV/s)
T_2(mV)								

(3) 根据实验结果,计算出不良导热体的热导率 $\lambda = m_B c \frac{\Delta T}{\Delta t}\big|_{T=T_2} \times \frac{(R_B+2h_B)}{(2R_B+2h_B)(T_1-T_2)} \times \frac{h_C}{\pi R_C^2} =$ _____.

硅橡胶的热导率由于材料的特性不同,范围为 $0.072 \sim 0.165$ W/(m·K),本实验给出的硅橡胶热导率在 285 K(12 ℃)左右时为 $\lambda_0 = 0.135$ W/(m·K),铝合金热导率的理论参考值为 $130 \sim 150$ W/(m·K).

八、思考题

1. 散热盘下方的轴流式风机起什么作用? 若它不工作,实验能否进行?

2. 本实验对环境条件有什么要求? 室温对实验结果有没有影响?

3. 分析本实验的主要误差来源.

实验八 金属线胀系数的测量

一、实验目的

学习利用光杠杆测量金属棒线胀系数的方法.

二、实验仪器

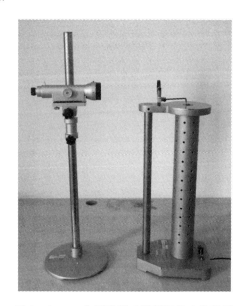

图 3-8-1 金属线胀系数测量仪实物装置

线胀系数测定装置、光杠杆、尺度望远镜、温度计、钢卷尺和待测金属棒.

三、实验原理

固体的长度一般随温度的升高而增加,其长度 l 和温度 t 之间的关系为

$$l = l_0(1 + \alpha t + \beta t^2 + \cdots) \tag{1}$$

式中,l_0 为温度 $t=0\ ℃$ 时的长度,$\alpha,\beta,\cdots$ 是与待测物质有关的常数,常温下可以忽略,则式(1)可写成

$$l = l_0(1 + \alpha t) \tag{2}$$

此处 α 就是通常所称的线胀系数,单位是 $℃^{-1}$.

设物体在温度 t_1 ℃ 时的长度为 l，温度升到 t_2 ℃ 时，其长度增加 δ，根据(2)式，可得

$$l = l_0(1 + \alpha t_1)$$
$$l + \delta = l_0(1 + \alpha t_2)$$

两式相比消去 l_0，整理后得

$$\alpha = \frac{\delta}{l(t_2 - t_1) - \delta t_1} \tag{3}$$

由于 δ 和 l 相比甚小，$l(t_2-t_1) \gg \delta t_1$，所以(3)式可近似写成

$$\alpha = \frac{\delta}{l(t_2 - t_1)} \tag{4}$$

显然，固体线胀系数的物理意义是当温度变化 1 ℃ 时，固体长度的相对变化值。测量线胀系数的主要问题是，怎样测准温度变化时引起长度的微小变化 δ. 本实验是利用光杠杆测量微小长度的变化，实验中用光杠杆和望远镜标尺组来对其进行测量。实验时将待测金属棒直立在线胀系数测定仪的金属筒中，将光杠杆的后足尖置于金属棒的上端，前足尖置于固定的台上，如图 3-8-2 所示。

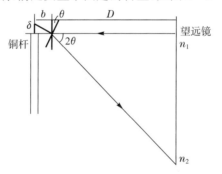

图 3-8-2 光杠杆放大原理图

实验开始时，平面镜 M 的法线方向水平，望远镜中观察到的标尺的相应刻度为 n_1. 当铜杆受热伸长 δ 时，导致平面镜 M 的法线方向改变了 θ 角。此时望远镜看到标尺的示数为 n_2，则两次视线的夹角应为 2θ，设平面镜 M 的后支点到两个前支点连线的垂直距离为 b，平面镜到标尺距离为 D，且 θ 很小，则有

$$\mathrm{tg}\theta = \frac{\delta}{b} \approx \theta \tag{5}$$

$$\mathrm{tg}2\theta = \frac{|n_2 - n_1|}{D} \approx 2\theta \tag{6}$$

因此，有

$$\delta = \frac{|n_2 - n_1|}{2D} b$$

代入(4)式,得

$$\alpha = \frac{|n_2 - n_1| b}{2Dl(t_2 - t_1)}$$

四、实验内容

测量线胀系数 α 值.

五、实验步骤

1. 在室温下,用米尺测量待测金属棒的长度 l 三次,取平均值;然后将其插入仪器的大圆柱形筒中(棒的下端点要和基座紧密接触).

2. 将温度计插入铜杆内部(小心轻放,以免损坏).

3. 将光杠杆放置到仪器平台上,调节光杠杆前后脚尖的距离,使两个前脚尖踏入凹槽内,后脚尖恰好踏到金属棒顶端,并固定前后脚尖距离.然后取下固定好的光杠杆放在白纸上,轻轻压出三个足尖痕迹,用铅笔通过绘图作出等腰三角形底边的高 b,并测量出 b.

4. 再次将调节好的光杠杆放置到仪器平台上,使平面镜处于铅直方向,然后将望远镜(标尺)放置于光杠杆前约 1 m 以外的地方,标尺倒立调到垂直方向.调节望远镜,并通过望远镜观察平面镜里呈现的清晰的标尺像,读出标尺示数 n_1 和温度计的初始温度 t_1.

5. 用钢卷尺测出平面镜(凹槽)与标尺的水平距离 D.(测量 D 时,切勿触碰到光杠杆)

6. 给仪器通电加热,待温度计的读数约为 50 ℃ 时开始读取 t 和 n 值,之后每上升 10 ℃ 都读取一组 t 和 n 值,直到 100 ℃ 时读取完毕.

六、实验数据记录与处理

$l=$ _____ mm;$b=$ _____ mm;$D=$ _____ mm;
$t_1=$ _____ ℃;$n_1=$ _____ mm.

t_2(℃)	50	60	70	80	90	100
n_2(mm)						
$\alpha = \frac{|n_2 - n_1| b}{2Dl(t_2 - t_1)}$						

七、思考题

1. 调节光杠杆的程序是什么?在调节中要特别注意哪些问题?
2. 分析本实验中各物理量的测量结果,哪一个对实验误差影响较大?
3. 根据实验室条件,你还能设计一种测量 δ 的方案吗?

第四章

电磁学实验

实验九　电子元件的伏安特性研究

一、实验目的

1. 掌握电流表、电压表、直流稳压电源等仪器的使用方法.
2. 学习电子元件的伏安特性的研究方法,熟悉伏安特性曲线的绘制方法.
3. 加深对欧姆定律的理解,了解二极管的伏安特性.

二、实验仪器

直流稳压电源、电压表、电流表、滑线变阻器、电阻、二极管等.

三、实验原理

电子元件的伏安特性是指流过电子元件的电流随元件两端电压的变化特性.测定出电子元件的伏安特性,对了解其性能及实际应用具有极其重要的意义.对于二端电子元件的特性,可用加在该元件两端的电压 U 和流过该元件的电流 I 之间的函数关系 $I=f(U)$ 来表征.若以电压 U 为横坐标,电流 I 为纵坐标,绘制 $I \sim U$ 曲线,则该曲线称为该二端电子元件的伏安特性曲线. 本实验采用伏安法来研究电阻元件的伏安特性.

1. 线性电阻元件的伏安特性

线性电阻器件也就是我们通常所说的纯电阻,按其材料可分为线绕电阻、碳膜电阻和金属膜电阻等.

加在纯电阻两端的电压与通过其中的电流总是呈线性关系变化的.若以横轴表示电压、纵轴表示电流作伏安特性图,其伏安特性曲线是一条过原点的直线,如图 4－9－1 所示,所以称之为线性电阻元件.这类电阻严格服从欧姆定律.

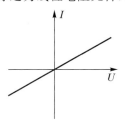

图 4－9－1　线性电阻的伏安特性曲线

2.非线性电阻元件的伏安特性

加在电阻元件两端的电压与通过其中的电流不成线性关系,或该元件不满足欧姆定律,均称为非线性电阻元件.若以横轴表示加在非线性电阻元件两端的电压,纵轴表示通过其中的电流,所得图像为一曲线,即曲线上各点的电压与电流的比值都不是一个定值.此时说这个元件的阻值是多少,并没有多大的实际意义,只有在电压、电流为确定值时,才有确定的含义.由于用任何一个阻值都不能表明这种元件的导电特性,所以一般通过研究这类元件的伏安特性来反映其导电特性.在实验中,通过绘制出元件的伏安特性曲线图,能更直观地反映出元件的导电特性.

本实验中非线性电阻元件只研究二极管的伏安特性.

半导体二极管是由一个 PN 结加上接触电极、引线和管壳而构成的.按内部结构的不同,半导体二极管有点接触型和面接触型两类,通常由 P 区引出的电极称为阳极,N 区引出的电极称为阴极.半导体二极管的伏安特性取决于 PN 结的特性.

根据半导体物理学理论,在一块纯净半导体(通常是硅或锗)基片上,一边掺入少量杂质磷元素(或锑元素)成为 N 型(电子型)半导体,另一边掺入少量杂质硼元素(或铟元素)成为 P 型(空穴型)半导体,如图 4－9－2 所示,那么,在两者的交界面处就会形成一个 PN 结.在这个 PN 结的两边,由于电子和空穴(统称为载流子)密度差的存在,使得电子从 N 区向 P 区扩散,空穴从 P 区向 N 区扩散.

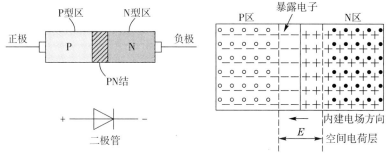

图 4－9－2　PN 结示意图

在N区靠近界面处的电子扩散到P区,并与P区空穴复合,而在N区界面处,剩下不能移动的施主正离子,构成一个带正电的空间电荷区;在P区靠近界面处的空穴扩散至N区,并与N区电子复合;而在P区界面处,剩下不能移动的受主负离子,构成一个带负电的空间电荷区.由此而产生一个电场,称为PN结的内电场,其方向是自N区指向P区,如图4-9-2所示.显然,这个电场的方向与载流子的扩散方向相反,其作用是使结内及其附近的载流子向扩散的逆方向运动(即漂移运动).当PN结的内电场增强到使漂移运动和扩散运动的作用相等时,就达到了动态平衡,于是,在交界面处形成了稳定的空间电荷区,这就是PN结.PN结的内电场方向由N区指向P区.在空间电荷区,由于缺少载流子,因此在结内形成高阻区.

在半导体二极管的PN结上加正向电压时,由于PN结正向压降很小,流过PN结的电流会随电压的升高而急剧增大;在PN结上加反向电压时,PN结能承受很大的压降,流过PN结的电流几乎为零.所以,半导体二极管具有单向导电的特性,其伏安特性曲线如图4-9-3所示.

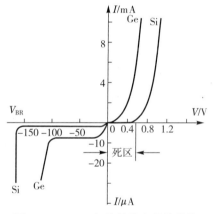

图4-9-3 二极管的伏安特性曲线

(1)正向特性.当二极管加上正向电压时,便有正向电流通过.但是,当正向电压很低时,外电场还不能克服PN结内电场对多数载流子扩散运动所形成的阻力,故正向电流几乎为零,二极管呈现很大的电阻.当正向电压超过一定数值(硅管约0.5 V,锗管约0.2 V)以后,内电场被大大削弱,二极管电阻变得很小,电流增长很快,这个电压往往称为阈电压(又称死区电压).二极管正向导通时,硅管的压降一般为0.6~0.7 V,锗管则为0.2~0.3 V.导通以后,在二极管中无论流过多大的电流(当然是允许范围之内的电流),在二极管的两端将始终是一个基本不变的电压,我们把这个电压称为二极管的"正向导通压降".

(2)反向特性.当二极管加上反向电压时,在一定的反向电压范围内,由于少数载流子的漂移运动,形成很小的反向电流,这一区域称为反向截止区.在一定温度下,载流子的数目是基本不变的,反向电流基本恒定,与反向电压的大小无关,故通常称其为反向饱和电流.当反向电压过高时,反向电流突然急剧增大,二极管失去单向导电性,这种现象称为反向击穿,这个电压称为反向击穿电压.各类二极管的反向击穿电压从几十伏到几百伏不等.对于非特殊要求的二极管,反向击穿时会因电流过大而使二极管PN结过热烧毁.

所谓伏安法,就是用电压表测量加于电阻元件 R_X 两端的电压 U,同时用电流表测量通过该电阻元件的电流强度 I,根据其电表的连接方法,分为电流表内接和电流表外接两种电路,如图 4—9—4 所示.

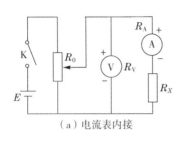
(a)电流表内接

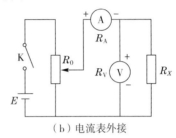
(b)电流表外接

图 4—9—4　伏安电路

电压表和电流表都有一定的内阻(分别设为 R_V 和 R_A).简化处理时,可直接用电压表读数 U 除以电流表读数 I 来得到被测电阻值 R,即 $R=\dfrac{U}{I}$,但这样会引进一定的系统误差.使用电流表内接时,R 实测值偏大;使用电流表外接时,R 实测值偏小.通常根据待测元件阻值及电表内阻选择合适的电表连接方法,以减小接入误差的影响.测量小电阻时,常采用电流表外接;测量大电阻时,常采用电流表内接.

安排测量电路时,为能满足测量范围的要求,实验电路中电位器(或滑线变阻器)经常采用分压电路,分压电路如图 4—9—5 所示.为调节方便,一般电位器阻值应小于负载电阻,但是电位器阻值过小会加重电源的负担.如细调程度不够,可以采用两个电位器组成二级分压(或限流)电路或粗、细调电路.

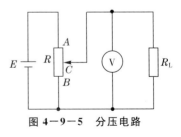

图 4—9—5　分压电路

四、实验内容

1.测量线性电阻的阻值并绘出伏安特性曲线.

2. 测量二极管的正向伏安特性并绘出伏安特性曲线.
3. 观察二极管的反向伏安特性.

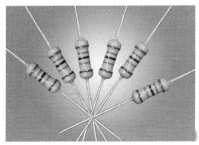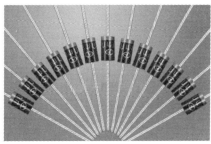

图 4－9－6　电阻与二极管实物图

五、实验步骤

1. 测量线性电阻的阻值并绘出伏安特性曲线

(1) 根据待测电阻的阻值选择图 4－9－4 电路(a)内接法或电路(b)外接法连接电路,选择合适的电流表和电压表量程.

(2) 闭合开关 K,调节变阻器的滑动端,使电路分压由小到大均匀地增加,并记录 5 组相对应的电压与电流值.

(3) 利用描点作图法将所测数据作到以电压值为横轴、电流值为纵轴的坐标图上,从图上得到一条直线,求出其斜率的倒数,即为 R.

2. 测量二极管的正向伏安特性并绘出伏安特性曲线

(1) 按图 4－9－4 电路(b)连接电路,注意接入二极管的极性,使电流由二极管的正极流入,选择合适的电流表和电压表量程与电源电压.

(2) 闭合开关 K,调节变阻器的滑动端,使电路分压自零伏开始缓慢增加,注意观察 I、U 变化情况,由此确定 I、U 的调节范围和测量取点情况.(在电流变化缓慢的区间,取点可稀疏些,每隔 0.1 V 测一点;随着电流变化的加快,取点应逐渐变得密集一些,至电流迅速变化的区间,每隔 0.02 V 测一点)

(3) 重新调节变阻器,自零伏开始缓慢增加分压,每增加一个电压值,记录下对应的电压与电流值,在测量范围内(U_D:0～0.80 V;I_D:0～150 mA)共读取 20～30 组数据,并填入事先准备好的数据表格内.

(4) 利用描点作图法将所测数据作到以电压值为横轴、电流值为纵轴的坐标图上,绘出二极管的正向伏安特性曲线.

3. 观察二极管的反向伏安特性

(1) 按图 4－9－4 电路(a)连接电路,注意接入二极管的极性,使电流由二极管的负极流入,电流表选择微安挡,电压表量程相对于电源电压选择较大量程.

(2)闭合开关 K,调节变阻器的滑动端,使电路分压自零伏开始缓慢增加,仔细观察 I、U 变化情况.

六、实验数据记录与处理

1. 纯电阻的伏安特性

次数	1	2	3	4	5	6	7	8	9	10
$U(V)$										
$I(mA)$										

根据表格数据作出线性电阻的伏安特性曲线.

由伏安特性曲线的斜率求出纯电阻的阻值 $R=$ _____ Ω.

2. 二极管的正向伏安特性

次数	1	2	3	4	5	6	7	8	9	10
$U(V)$										
$I(mA)$										
次数	11	12	13	14	15	16	17	18	19	……
$U(V)$										
$I(mA)$										

根据表格数据作出二极管的伏安特性曲线.

七、思考题

1. 为什么测量二极管的正向伏安特性时采用电流表外接法,反之采用电流表内接法?

2. 在电流表与电压表测量中,改变不同量程对测量结果有无影响?为什么?在实验中是否允许改变量程?

实验十 模拟法测绘静电场

一、实验目的

1. 学习用稳恒电流场模拟法测绘静电场的原理和方法.

2. 加深对电场强度和电位概念的理解.
3. 掌握测绘点状电极、同心圆电极的电场分布的方法.

二、实验仪器

GVZ-3型静电场描绘实验仪.

图 4-10-1　静电场描绘仪实物装置

三、实验原理

在科学研究和工程技术中,有时需要了解带电体周围静电场的分布情况.一般来说,带电体的形状比较复杂,很难用理论方法进行计算,由于仪表(或其探测头)放入静电场后,总会使待测电场原有分布状态发生畸变,用实验手段直接测量真实的静电场变得很困难.一个可行的方法是运用相似原理模仿真实情况.具体来说,就是构造一个与研究对象的物理过程或现象相似的模型,通过对该模型的测试实现对研究对象进行研究,这种方法称为模拟法.模拟法在科学实验中有着极其广泛的应用,其本质是用一种易于实现、便于测量的物理状态或过程的研究代替另一种不易实现、不易测量的状态或过程的研究.

本实验用点状电极、同心圆电极、聚焦电极产生的稳恒电流场分别模拟两点电荷、同轴柱面带电体、聚焦电极形状的带电体产生的静电场.

1. 模拟的理论依据(以模拟长同轴圆柱形电缆的静电场为例)

稳恒电流场与静电场是两种不同性质的场,但是它们在一定条件下具有相似的空间分布,即两种场遵守的规律在形式上相似,都可以引入电位 U,电场强度 $E=-\nabla U$,都遵守高斯定律.

对于静电场,电场强度在无源区域内满足以下积分关系

$$\oint_s \boldsymbol{E} \cdot \mathrm{d}\boldsymbol{s} = 0 \qquad \oint_l \boldsymbol{E} \cdot \mathrm{d}\boldsymbol{l} = 0$$

对于稳恒电流场,电流密度矢量 j 在无源区域内也满足类似的积分关系

$$\oint_s j \cdot ds = 0 \qquad \oint_l j \cdot dl = 0$$

由此可见,E 和 j 在各自区域中满足同样的数学规律.在相同边界条件下,具有相同的解析解.因此,我们可以用稳恒电流场来模拟静电场.

在模拟的条件上,要保证电极形状一定,电极电位不变,空间介质均匀,在任何一个考察点,均应有"$U_{稳恒}=U_{静电}$"或"$E_{稳恒}=E_{静电}$".下面具体来讨论这种等效性.

2. 同轴电缆及其静电场分布

如图 4—10—2(a)所示,在真空中有一半径为 r_a 的长圆柱形导体 A 和一内半径为 r_b 的长圆筒形导体 B,它们同轴放置,分别带等量异号电荷.由高斯定理可知,在垂直于轴线的任一截面 S 内,都有均匀分布的辐射状电场线,这是一个与坐标 z 无关的二维场.在二维场中,电场强度 E 平行于 xy 平面,其等位面为一簇同轴圆柱面.因此,只要研究 S 面上的电场分布即可.

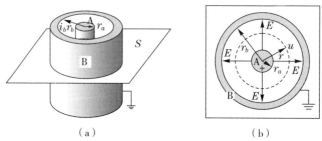

图 4—10—2 同轴电缆及其静电场分布

由静电场中的高斯定理可知,距轴线的距离为 r 处(见图 4—10—2(b))各点电场强度大小为 $E=\dfrac{\lambda}{2\pi\varepsilon_0 r}$,式中 λ 为柱面每单位长度的电荷量,其电位为

$$U_r = U_a - \int_{r_a}^{r} \boldsymbol{E} \cdot d\boldsymbol{r} = U_a - \frac{\lambda}{2\pi\varepsilon_0} \ln \frac{r}{r_a} \tag{1}$$

若 $r=r_b$ 时,$U_b=0$,则有

$$\frac{\lambda}{2\pi\varepsilon_0} = \frac{U_a}{\ln \dfrac{r_b}{r_a}} \tag{2}$$

代入(1)式,得

$$U_r = U_a \frac{\ln \dfrac{r_b}{r}}{\ln \dfrac{r_b}{r_a}} \tag{3}$$

$$E_r = -\frac{dU_r}{dr} = \frac{U_a}{\ln \dfrac{r_b}{r_a}} \cdot \frac{1}{r} \tag{4}$$

3. 同柱圆柱面电极间的电流分布

若上述圆柱形导体 A 与圆筒形导体 B 之间充满了电导率为 σ 的不良导体，A、B 与电流电源正负极相连接(见图 4—10—3)，A、B 间将形成径向电流，建立稳恒电流场 E'_r，可以证明在均匀的导体中的电场强度 E'_r 与原真空中的静电场 E_r 的分布规律是相似的.

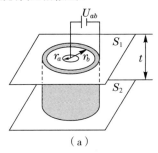
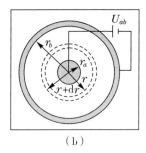

(a)　　　　　　　　　　(b)

图 4—10—3　同轴电缆的模拟模型

取厚度为 t 的圆轴形同轴不良导体片为研究对象，设材料电阻率为 $\rho(\rho = 1/\sigma)$，则任意半径 r 到 $r+dr$ 的圆周间的电阻是

$$dR = \rho \cdot \frac{dr}{s} = \rho \cdot \frac{dr}{2\pi r t} = \frac{\rho}{2\pi t} \cdot \frac{dr}{r} \tag{5}$$

则半径为 r 到 r_b 之间的圆柱片的电阻为

$$R_{rr_b} = \frac{\rho}{2\pi t}\int_r^{r_b} \frac{dr}{r} = \frac{\rho}{2\pi t}\ln\frac{r_b}{r} \tag{6}$$

总电阻为(半径 r_a 到 r_b 之间圆柱片的电阻)

$$R_{r_a r_b} = \frac{\rho}{2\pi t}\ln\frac{r_b}{r_a} \tag{7}$$

设 $U_b = 0$，则两圆柱面间所加电压为 U_a，径向电流为

$$I = \frac{U_a}{R_{r_a r_b}} = \frac{2\pi t U_a}{\rho \ln\frac{r_b}{r_a}} \tag{8}$$

距轴线 r 处的电位为

$$U'_r = IR_{rr_b} = U_a \frac{\ln\frac{r_b}{r}}{\ln\frac{r_b}{r_a}} \tag{9}$$

则稳恒电流场 E'_r 为

$$E'_r = -\frac{dU'_r}{dr} = \frac{U_a}{\ln\frac{r_b}{r_a}} \cdot \frac{1}{r} \tag{10}$$

由以上分析可见,U_r 与 U'_r,E_r 与 E'_r 的分布函数完全相同.为什么这两种场的分布相同呢?我们可以从电荷产生场的观点加以分析.在导电质中没有电流通过时,其中任一体积元(宏观小、微观大,其内仍包含大量原子)内正负电荷数量相等,没有净电荷,呈电中性.当有电流通过时,单位时间内流入和流出该体积元内的正负电荷数量相等,净电荷为零,仍然呈电中性.因而整个导电质内有电场通过时也不存在净电荷.这就是说,真空中的静电场和有稳恒电流通过时导电质中的场都是由电极上的电荷产生的.事实上,真空中电极上的电荷是不动的,在有电流通过的导电质中,电极上的电荷一边流失,一边由电源补充,在动态平衡下保持电荷的数量不变.所以这两种情况下电场分布是相同的.图 4－10－4 给出了同轴柱面电极形状及相应的电场分布.

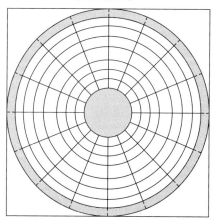

图 4－10－4 环形电极等势线及电场线分布

4. 模拟条件

模拟方法的使用有一定的条件和范围,不能随意推广,否则将会得到荒谬的结论.用稳恒电流场模拟静电场的条件可以归纳为下列三点:

(1)稳恒电流场中的电极形状应与待模拟的静电场中的带电体几何形状相同.

(2)稳恒电流场中的导电介质应为不良导体且电导率分布均匀,并且电极的电导率要远大于介质的电导率,这样才能保证电极表面也近似是一个等位面.

(3)模拟所用电极系统与待测电场有相同的边界.

5. 静电场的测绘方法

场强 E 在数值上等于电位梯度,方向指向电位降落的方向.考虑到 E 是矢量,而电位 U 是标量,从实验测量来讲,测定电位比测定场强容易实现,所以可先测绘等位线,然后根据电场线与等位线正交的原理,画出电场线.这样就可由等位线的间距确定电场线的疏密和指向,将抽象的电场形象地反映出来.

四、实验内容

分别画出图 4-10-5 所示点状电极、环形电极、劈尖电极和聚焦电极模拟的静电场分布图.

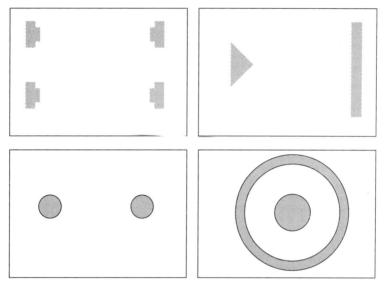

图 4-10-5　不同形状的电极

五、实验步骤

1. 正确连接电源、电极与同步探针,并把电源电压调到 12 V.
2. 将记录纸铺在上层平板上,用磁条固定.
3. 从 1 V 开始,平移同步探针,用导电微晶上方的探针找到等位点后,按一下记录纸上方的探针,测出一系列等势点,共测 9 条等势线,每条等势线上找 10 个以上的点,在电极端点附近应多找几个等位点.
4. 画出等位线,再作出电场线.作电场线时要注意:电场线与等位线正交,导体表面是等位面,电场线垂直于导体表面,电场线发自正电荷而中止于负电荷,疏密要表示出场强的大小,根据电极正、负画出电场线方向.

六、实验数据记录与处理

在坐标纸上描绘出相应电极的电场分布图.

七、思考题

1. 根据测绘所得等位线和电力线分布,分析哪些地方场强较强,哪些地方场强较弱.

2. 从实验结果能否说明电极的电导率远大于导电介质的电导率?如不满足这一条件,会出现什么现象?

3. 在描绘同轴电缆的等位线簇时,如何正确确定圆形等位线簇的圆心?如何正确描绘圆形等位线?

4. 由导电微晶与记录纸的同步测量记录,能否模拟出点电荷激发的电场或同心圆球壳型带电体激发的电场?为什么?

5. 能否用稳恒电流场模拟稳定的温度场?为什么?

实验十一　惠斯通电桥法测量中值电阻

一、实验目的

1. 掌握惠斯通电桥的原理,并通过它初步了解一般桥式线路的特点.
2. 学会使用惠斯通电桥测量电阻.
3. 了解电桥灵敏度的概念及测量方法.

二、实验仪器

电阻箱、检流计、滑线变阻器、直流稳压电源等.

三、实验原理

1. 惠斯通电桥原理

前面我们介绍的伏安法测量电阻,其精度不够高.这一方面是由于线路本身存在缺点,另一方面是由于电压表和电流表本身的精度有限.所以,为了精确测量电阻,必须对测量线路加以改进.

惠斯通电桥(也称单臂电桥)的电路如图 4-11-1 所示,四个电阻 R_a、R_c、R_b、R_X 组成一个四边形的回路,每一边称作电桥的"桥臂",在一对对角 AD 之间接入电源,而在另一对角 BC 之间接入检流计,构成所谓的"桥路".所谓"桥",本身的意思就是指这条对角线 BC. 它的作用就是把"桥"的两端点联系起来,从而将这两点的电位直接进行比较. B、C 两点的电位相等时称作电桥平衡,反之,称作电桥不平衡. 检流计是为了检查电桥是否平衡而设的,平衡时检流计无电流通过. 用于指示电桥平衡的仪器除了检流计外,还有其他仪表,它们称为示零器.

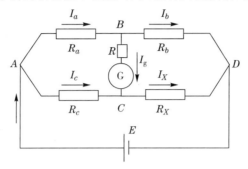

图 4-11-1 惠斯通电桥电路图

当电桥平衡时,B 和 C 两点的电位相等,故有

$$U_{AB} = U_{AC}, U_{BD} = U_{CD} \tag{1}$$

由于平衡时 $I_g = 0$,所以 B、C 间相当于断路,故有

$$I_a = I_b, I_c = I_X \tag{2}$$

所以

$$I_a R_a = I_c R_c, I_b R_b = I_X R_X$$

可得

$$R_c R_b = R_a R_X \tag{3}$$

或

$$R_X = \frac{R_b}{R_a} R_c \tag{4}$$

这个关系式是由"电桥平衡"推出的结论. 反之,也可以由这个关系式推证出"电桥平衡"来. 因此,(3)式称为电桥平衡条件. 如果在四个电阻中的三个电阻值是已知的,即可利用(3)式求出另一个电阻的阻值. 这就是应用惠斯通电桥测量电阻的原理.

上述用惠斯通电桥测量电阻的方法,也体现了一般桥式线路的特点,现在重点说明它的几个主要优点:

(1)平衡电桥采用了示零法——根据示零器的"零"或"非零"的指标,即可判断电桥是否平衡而不涉及数值的大小. 因此,只要示零器足够灵敏,就可以使电桥具有很高的灵敏度,从而为提高它的测量精度提供了条件.

(2)用平衡电桥测量电阻方法的实质是拿已知的电阻和未知的电阻进行比较.如果采用精确电阻作为桥臂,就可以使测量的结果具有很高的精确度.

(3)由于平衡条件与电源电压无关,故可避免因电压不稳定而造成的误差.

*2. 电桥的灵敏度

电桥测量电阻的原理公式(4)是在电桥平衡条件下推导出来的.在实际测量中,判断电桥是否平衡是通过观察灵敏检流计的指针是否指示零位置来判断的,在本实验中是通过调节变阻箱来实现的.由于检流计的灵敏度和变阻箱的精度总是有限的,故电桥很难达到精确的平衡.为了定量分析电桥灵敏度与测量误差的关系,我们引入了电桥相对灵敏度 S 的概念,定义为

$$S = \frac{\Delta n}{\Delta R_b / R_b} \tag{5}$$

其中,Δn 是当桥臂电阻变化 ΔR_b 时检流计的偏转量.

四、实验内容

测量三个中值电阻的阻值.

五、实验步骤

1. 自搭电桥测电阻实验步骤

(1)对检流计进行调零.

(2)根据惠斯通电桥电路图 4-11-1 接好电路.

(3)根据要求选择 R_a、R_b 的阻值.

(4)调节 R_c 的阻值时,应从大到小逐次调节,使检流计的指针逐渐指向零点,电桥达到平衡,记录下此时 R_c 的阻值.

(5)更换电阻,重复以上步骤.

(6)根据公式 $R_X = \frac{R_b}{R_a} R_c$ 计算出 R_X.

2. 用箱式电桥测电阻实验步骤

(1)打开箱式电桥,对检流计调零.

(2)将待测电阻用短导线接于 R_x 两端.

(3)选取适当倍率 K,再细调 4 个十进制电阻,使检流计指针指零,记下 K 和十进制电阻示值 R_0,求得 R_X($R_X = K \cdot R_0$).

(4)换上另一个待测电阻,重复以上过程.

六、数据记录

电阻 比例	待测电阻 1		待测电阻 2		待测电阻 3	
	R_c	R_{X1}	R_c	R_{X2}	R_c	R_{X3}
$R_a = 100\ \Omega$ $R_b = 1000\ \Omega$						
$R_a = 200\ \Omega$ $R_b = 900\ \Omega$						
$R_a = 300\ \Omega$ $R_b = 800\ \Omega$						
$R_a = 400\ \Omega$ $R_b = 700\ \Omega$						
$R_a = 500\ \Omega$ $R_b = 600\ \Omega$						
$R_a = 600\ \Omega$ $R_b = 500\ \Omega$						
$R_a = 700\ \Omega$ $R_b = 400\ \Omega$						
$R_a = 800\ \Omega$ $R_b = 300\ \Omega$						
$R_a = 900\ \Omega$ $R_b = 200\ \Omega$						
$R_a = 1000\ \Omega$ $R_b = 100\ \Omega$						
$\overline{R_X}$						

实验十二　双臂电桥法测量低值电阻

一、实验目的

1. 了解四端引线法的意义及双臂电桥的结构.
2. 学习使用双臂电桥测量低值电阻.
3. 学习测量导体的电阻率.

二、实验仪器

板式双臂电桥、检流计、待测低值电阻、变阻箱、导线等.

图 4-12-1 双臂电桥实物装置

三、实验原理

用惠斯通电桥测量中等电阻时,忽略了导线电阻和接触电阻的影响,但在测量 1 Ω 以下的低电阻时,各引线的电阻和端点的接触电阻相对被测电阻来说不可忽略,一般情况下,附加电阻为 $10^{-5} \sim 10^{-2}$ Ω. 为避免附加电阻的影响,本实验引入了四端引线法,组成了双臂电桥(又称为开尔文电桥). 它是一种常用的测量低电阻的方法,已广泛地应用于科技测量中.

1. 四端引线法

测量中等阻值的电阻时,伏安法是比较容易的方法,惠斯通电桥法是一种精密的测量方法,但在测量低电阻时都发生了困难,这是因为引线本身的电阻和引线端点接触电阻的存在. 图 4-12-2 为伏安法测电阻的线路图,待测电阻 R_X 两侧的接触电阻和导线电阻以等效电阻 r_1、r_2、r_3、r_4 表示,通常电压表内阻较大,r_1 和 r_4 对测量的影响不大,而 r_2 和 r_3 与 R_X 串联在一起,被测电阻为 $(r_2+R_X+r_3)$,若 r_2 和 r_3 数值与 R_X 为同一数量级,或超过 R_X,显然不能用此电路来测量 R_x.

若在测量电路的设计上改为如图 4-12-3 所示的电路,将待测低电阻 R_X 两侧的接点分为两个电流接点 $C-C$ 和两个电压接点 $P-P$,$C-C$ 在 $P-P$ 的外侧. 显然电压表测量的是 $P-P$ 之间一段低电阻两端的电压,消除了 r_2 和 r_3 对 R_X 测量的影响. 这种测量低电阻或低电阻两端电压的方法叫作四端引线法,该方法广泛应用于各种测量领域中. 例如,为了研究高温超导体在发生正常超导转变时的零电阻现象和迈斯纳效应,必须测定临界温度 T_c,正是用通常的四端引线法,通过测量超导样品电阻 R 随温度 T 的变化而确定的. 低值标准电阻正是为了减小接触电阻和接线电阻而设有四个端钮.

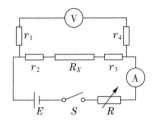
图 4－12－2　伏安法测电阻

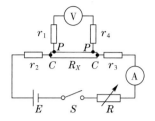
图 4－12－3　四端引线法测电阻

2. 双臂电桥测量低值电阻

用惠斯通电桥测量电阻,在测出的 R_X 值中,实际上含有接线电阻和接触电阻(统称为 R_j)的成分(一般为 $10^{-4} \sim 10^{-3}\ \Omega$ 数量级),通常可以不考虑 R_j 的影响,而当被测电阻达到较小值(如几十欧姆以下)时,R_j 所占的比重就明显了.

因此,需要从测量电路的设计上来考虑.双臂电桥正是把四端引线法和电桥的平衡比较法结合起来精密测量低电阻的一种电桥.

如图 4－12－4 中,R_1、R_2、R_3、R_4 为桥臂电阻.R_N 为用于比较的已知标准电阻,R_X 为被测电阻.R_N 和 R_X 是采用四端引线的接线法,电流接点为 C_1、C_2,位于外侧;电位接点是 P_1、P_2,位于内侧.

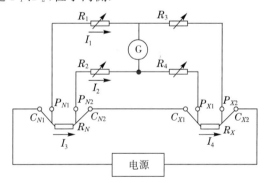
图 4－12－4　双臂电桥测低电阻

测量时,接上被测电阻 R_X,然后调节各桥臂电阻值,使检流计指示逐步为零,则 $I_G = 0$,这时 $I_3 = I_4$,根据基尔霍夫定律可写出以下三个回路方程:

$$I_1 R_1 = I_3 R_N + I_2 R_2$$
$$I_1 R_3 = I_3 R_x + I_2 R_4$$
$$(I_3 - I_2) r = I_2 (R_2 + R_4)$$

式中 r 为 C_{N2} 和 C_{X1} 之间的线电阻.将上述三个方程联立求解,可得下式:

$$R_X = \frac{R_3}{R_1} R_N + \frac{r R_2}{R_3 + R_2 + r} \left(\frac{R_3}{R_1} - \frac{R_4}{R_2} \right) \tag{5}$$

由此可见,用双臂电桥测电阻时,R_X 的结果由等式右边的两项来决定,其中第一项与单臂电桥相同,第二项称为更正项. 为了更方便地测量和计算,使双臂电桥求 R_X 的公式与单臂电桥相同,所以实验中可设法使更正项尽可能做到为零. 在双臂电桥测量时,通常可采用同步调节法,令 $R_3/R_1 = R_4/R_2$,使得更正项能接近零. 在实际的使用中,通常使 $R_1=R_2$,$R_3=R_4$,则上式变为

$$R_X = \frac{R_3}{R_1} R_N$$

在这里必须指出,在实际的双臂电桥中,很难做到 R_3/R_1 与 R_4/R_2 完全相等,所以 R_X 和 R_N 电流接点间的导线应使用较粗的、导电性良好的导线,以使 r 值尽可能小. 这样,即使 R_3/R_1 与 R_4/R_2 两项不严格相等,但由于 r 值很小,更正项仍能趋近于零.

为了更好地验证这个结论,可以人为地改变 R_1、R_2、R_3 和 R_4 的值,使 $R_1 \neq R_2$,$R_3 \neq R_4$,并与 $R_1=R_2$、$R_3=R_4$ 时的测量结果相比较.

双臂电桥之所以能测量低电阻,是因为以下关键两点:

(1) 单臂电桥测量小电阻之所以误差大,是因为用单臂电桥测出的值包含桥臂间的引线电阻和接触电阻,当接触电阻与 R_x 相比不能忽略时,测量结果就会有很大的误差. 而双臂电桥电位接点的接线电阻与接触电阻位于 R_1、R_3 和 R_2、R_4 的支路中,实验中设法令 R_1、R_2、R_3 和 R_4 都不小于 $100\ \Omega$,那么接触电阻的影响就可以略去不计了.

(2) 双臂电桥电流接点的接线电阻与接触电阻,一端包含在电阻 r 里面,而 r 存在于更正项中,对电桥平衡不发生影响;另一端则包含在电源电路中,对测量结果也不会产生影响. 当满足 $R_3/R_1 = R_4/R_2$ 条件时,基本上消除了 r 的影响.

四、实验内容

1. 测量铜、铁、铝三种金属棒的电阻 R_X.
2. 根据公式 $\rho = \pi d^2 R_X / 4L$,计算铜、铁、铝三种金属的电阻率.

五、实验步骤

1. 根据图 4-12-4 在板式双臂电桥上相应的位置连接电源、待测电阻 R_X、电阻箱 R_1、R_2、R_3、R_4 以及检流计等仪器.

2. 调定 $R_1=R_2$、R_N 电阻,合上开关,同步调节 R_3、R_4 阻值,同时保证 $R_3=R_4$,直至检流计指示为零,双臂电桥达到平衡,记下 R_1、R_2、R_3、R_4 和 R_N 的阻值.

***注意** 测量低阻时,工作电流较大,由于存在热效应,会引起被测电阻的变化,同时电源的能耗也较大,所以电源开关不应长时间接通,应该间歇使用.

3. 测量金属丝的接入长度 L.

4. 用螺旋测微计测量金属丝的直径 d，在不同部位测量三次，求平均值.

六、实验数据记录与处理

材料	$R_N(\Omega)$	比例		$R_X(\Omega)$	$\overline{R_X}(\Omega)$
		$R_3=R_4$	$R_1=R_2$		
铜	0.0020	1000 Ω			
	0.0040				
	0.0060				
	0.0080				
铁	0.0020	1000 Ω			
	0.0040				
	0.0060				
	0.0080				
铝	0.0020	1000 Ω			
	0.0040				
	0.0060				
	0.0080				

$$R_X = \frac{R_3}{R_1} R_N$$

材料	铜		铁		铝	
d(mm)						
$\overline{d}$(mm)						
L(mm)						

$$\rho = \frac{\pi d^2 R_X}{4L}$$

七、思考题

1. 双臂电桥与惠斯通电桥有哪些异同？

2. 双臂电桥怎样能消除附加电阻的影响？

3. 如果待测电阻的两个电压端引线电阻较大，则对测量结果有无影响？

实验十三　示波器使用

一、实验目的

1. 了解示波器的主要结构和显示波形的基本原理.
2. 学会使用信号发生器.
3. 学会用示波器观察波形以及测量电压、周期和频率.

二、实验仪器

二踪示波器、信号发生器等,如图 4—13—1 所示.

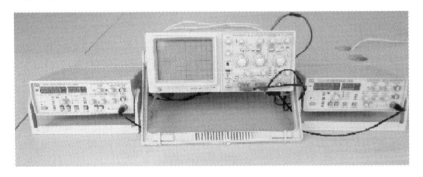

图 4—13—1　示波器显示电信号波形的实物装置

三、实验原理

电子示波器(简称示波器)能够简便地显示各种电信号的波形,一切可以转化为电压的电学量和非电学量及它们随时间作周期性变化的过程都可以用示波器来观测.示波器是一种用途十分广泛的测量仪器.

1. 示波器的基本结构

示波器的主要部分有示波管、带衰减器的 Y 轴放大器、带衰减器的 X 轴放大器、扫描发生器(锯齿波发生器)、触发同步和电源等,其结构方框图如图 4—13—2所示.为了适应各种测量的要求,示波器的电路组成是多样而复杂的,这里仅就主要部分加以介绍.

(1)示波管.如图4－13－2所示,示波管主要包括电子枪、偏转系统和荧光屏三部分,它们全都被密封在玻璃外壳内,里面抽成高真空.下面分别说明各部分的作用.

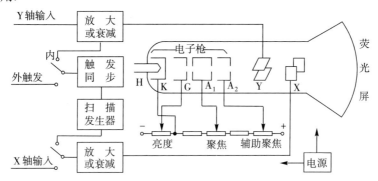

图4－13－2　示波器的结构图

①荧光屏.它是示波器的显示部分,当加速聚焦后的电子打到荧光屏上时,屏上所涂的荧光物质就会发光,从而显示出电子束的位置.当电子停止作用后,荧光剂的发光需经一定时间才会停止,称为余辉效应.

②电子枪.电子枪由灯丝H、阴极K、控制栅极G、第一阳极A_1、第二阳极A_2等五部分组成.灯丝通电后加热阴极.阴极是一个表面涂有氧化物的金属筒,被加热后发射电子.控制栅极是一个顶端装有小孔的圆筒,套在阴极外面.它的电位比阴极低,对阴极发射出来的电子起控制作用,只有初速度较大的电子才能穿过栅极顶端的小孔,然后在阳极加速下奔向荧光屏.示波器面板上的"亮度"调整就是通过调节电位以控制射向荧光屏的电子流密度,从而改变了屏上的光斑亮.阳极电位比阴极电位高很多,电子被它们之间的电场加速形成射线.当控制栅极、第一阳极、第二阳极之间的电位调节合适时,电子枪内的电场对电子射线有聚焦作用,所以第一阳极也称聚焦阳极.第二阳极电位更高,又称加速阳极.面板上的"聚焦"调节,就是调节第一阳极电位,使荧光屏上的光斑成为明亮、清晰的小圆点.有的示波器还有"辅助聚焦",实际上是调节第二阳极电位.

③偏转系统.它由两对相互垂直的偏转板组成,一对垂直偏转板Y,一对水平偏转板X.在偏转板上加以适当电压,当电子束通过时,其运动方向发生偏转,从而使电子束在荧光屏上的光斑位置也发生改变.

容易证明,光点在荧光屏上偏移的距离与偏转板上所加的电压成正比,因而可将电压的测量转化为屏上光点偏移距离的测量,这就是示波器测量电压的原理.

(2)信号放大器和衰减器.示波管本身相当于一个多量程电压表,这一作用是靠信号放大器和衰减器实现的.由于示波管本身的 X 及 Y 轴偏转板的灵敏度不高(0.1～1.0 mm/V),当加在偏转板的信号过小时,要预先将小的信号电压加以放大后再加到偏转板上.为此,设置 X 轴及 Y 轴电压放大器.衰减器的作用是使过大的输入信号电压变小,以适应放大器的要求,否则放大器不能正常工作,使输入信号发生畸变,甚至使仪器受损.对一般示波器来说,X 轴和 Y 轴都设置有衰减器,以满足各种测量的需要.

(3)扫描系统.扫描系统也称时基电路,用来产生一个随时间作线性变化的扫描电压,这种扫描电压随时间变化的关系如同锯齿,故称锯齿波电压.这个电压经 X 轴放大器放大后加到示波管的水平偏转板上,使电子束产生水平扫描.这样,屏上的水平坐标变成时间坐标,Y 轴输入的待测信号波形就可以在时间轴上展开.扫描系统是示波器显示待测电压波形必需的重要组成部分.

2.示波器显示波形的原理

如果只在竖直偏转板上加一交变的正弦电压,则电子束的亮点将随电压的变化在竖直方向来回运动,如果电压频率较高,则看到的是一条竖直亮线,如图 4-13-3 所示.要想显示波形,必须同时在水平偏转板上加一扫描电压,使电子束的亮点沿水平方向拉开.这种扫描电压的特点是电压随时间呈线性关系增加到最大值,最后突然回到最小,此后再重复地变化.这种扫描电压即为前面所说的"锯齿波电压",如图 4-13-4 所示.如果频率足够高,当只有锯齿波电压加在水平偏转板上时,则荧光屏上只显示一条水平亮线.如果在竖直偏转板上(简称 Y 轴)加正弦电压,同时在水平偏转板上(简称 X 轴)加锯齿波电压,电子受竖直、水平两个方向的力的作用,电子的运动就是两相互垂直的运动的合成.当锯齿波电压比正弦电压变化周期稍大时,在荧光屏上将能显示出完整周期的所加正弦电压的波形图,如图 4-13-5 所示.

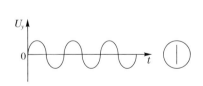

图 4-13-3 竖直偏板上加交变正弦电压显示的竖直亮线图

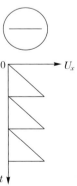

图 4-13-4 锯齿波电压图

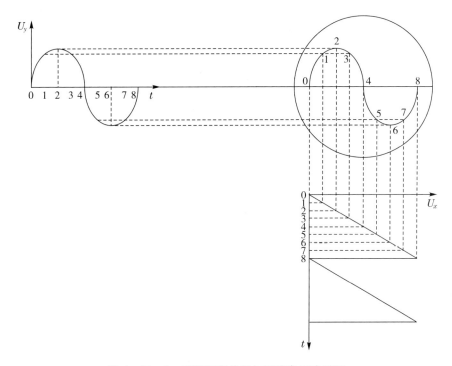

图 4－13－5　完整周期的所加正弦电压波形图

3. 同步的概念

如果正弦波和锯齿波电压的周期稍微不同,屏上出现的是一移动着的不稳定图形.这种情形可用图 4－13－5 来说明.设锯齿波电压的周期 T_x 比正弦波电压周期 T_y 稍小,比如 $T_x/T_y=7/8$.在第一扫描周期内,屏上显示正弦信号 0～4 点之间的曲线段;在第二周期内,显示 4～8 点之间的曲线段,起点在 4 处;第三周期内,显示 8～11 点之间的曲线段,起点在 8 处.这样,屏上显示的波形每次都不重叠,好像波形在向右移动.同理,如果 T_x 比 T_y 稍大,则好像在向左移动.以上描述的情况在示波器使用过程中经常会出现.其原因是,扫描电压的周期与待测信号的周期不相等或不成整数倍,以致每次扫描开始时波形曲线上的起点均不一样.为了使屏上的图形稳定,必须使 $T_x/T_y=n(n=1,2,3,\cdots)$,$n$ 是屏上显示完整波形的个数.为了获得一定数量的波形,示波器上设有"扫描时间"(或"扫描范围")、"扫描微调"旋钮,用来调节锯齿波电压的周期 T_x(或频率 f_x),使之与待测信号的周期 T_y(或频率 f_y)成合适的关系,从而在示波器屏上得到所需数目的完整的待测波形.输入 Y 轴的待测信号与示波器内部的锯齿波电压是互相独立的.由于环境或其他因素的影响,它们的周期(或频率)可能发生微小的改变.这时,虽然可通过调节"扫描"旋钮将周期调到整数倍的关系,但过一会儿又变了,波形又移动起来.在观察高频信号时,这种问题尤为突出.为此,示波器内装有扫描同步装置,让锯齿波电压的扫描起点自动跟着待测信号改变,这就称为整步(或同步).有的示波器中,需要让扫描电压与外部某一信号同步,因此设有"触发选择"键,可选择外触发工作状态,相应设有"外触发"信号输入端.

4. 用示波器观察两个相互垂直的谐振动的合成

如果示波器的 X 轴和 Y 轴偏转板上输入的都是正弦电压,并将示波器置于垂直方式上,荧光屏上亮点的运动将是两个相互垂直振动的合成.当两个正弦电压信号的频率相等或成简单整数比时,荧光屏上亮点的合成轨迹为一稳定的闭合曲线,称为李萨如图形.例如,V_y 的频率 f_y 与 V_x 的频率 f_x 相等时,合成原理如图 4-13-6 所示.亮点的轨迹是椭圆.当两个分信号的振幅给定时,椭圆的其他性质(长短轴及方位)由两个分信号的相位差决定,如表 4-13-1 给出了频率比为 1:1 的几个特殊相位差的李萨如图形.频率比为其他简单整数比时的合成原理同理可得,不重复阐述.下面给出了频率比为其他简单整数比时在不同相位下形成的李萨如图形,如图 4-13-7 所示.通过比较图 4-13-7 可以得出如下规律,并且该规律与信号的相位差无关,只决定于两信号的频率比:

$$\frac{f_y(\text{加在 } y \text{ 轴信号频率})}{f_x(\text{加在 } x \text{ 轴信号频率})} = \frac{N_x(\text{任意水平直线与重合图形的最多交点数})}{N_y(\text{任意垂直直线与重合图形的最多交点数})}$$

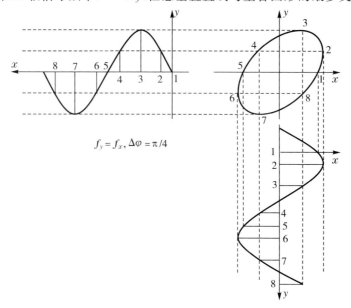

图 4-13-6 谐振动合成原理图

表 4-13-1 频率比为 1:1 的李萨如图形

$f_y:f_x$ \ $\Delta\varphi$	0	$\pi/4$	$\pi/2$	$3\pi/4$	π
1:1	 /	 ○	 ○	 ○	 \

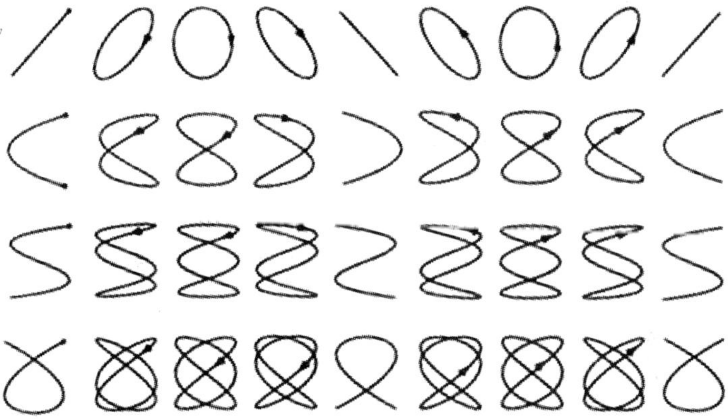

图 4-13-7 不同频率比、不同相位的李萨如图形

注意 观察发现李萨如图形大小不适中时,可调节信号发生器"V/DIV"旋钮.

利用上述规律可以通过观察李萨如图形的形状直观地比较两个电信号的频率.如果其中一个电信号的频率是已知的,即可用此法测定另一个电信号的频率.设 f_x 已知,f_y 未知,则

$$f_y = \frac{N_x}{N_y} \cdot f_x$$

工程技术上常常利用该方法精确地测量某未知信号的频率.

四、实验内容

1. 观察正弦电信号的波形,并读出正弦波电信号的相关参数.
2. 利用李萨如图形测量未知频率.

五、实验步骤

1. 观察正弦电信号的波形,并读出正弦波电信号的相关参数(这里以 CH2(Y)通道为例说明,CH1(X)通道的调节方法相同)

(1)将信号发生器的主输出端连接到示波器 CH2(Y)通道输入端.

(2)开启信号发生器,选择输出正弦波信号.根据步骤(1)将示波器触发通道

选择在 CH2(Y)上,依次调节辉度、位移(水平和垂直)、锁定自动模式等相关按钮与旋钮(参考本实验附录),使示波器屏幕上显示出波形(此时波形大小和位置可能不适合屏幕).

(3)通过调节示波器相应通道的电压衰放旋钮(V/DIV)的倍率和周期扫描旋钮(s/DIV)的倍率,使波形大小合适、位置居中地显示在屏幕中间.

(4)读出该正弦波信号的电压峰—峰值 U_{pp}、周期 T 及换算出的频率 f. 具体读数方法如下:

U_{pp}=(DIV 波峰与波谷的竖直距离格数)×(V/DIV 倍率)×(探头衰减率)

T=(DIV 相邻波峰或波谷的水平距离格数)×(s/DIV 倍率)

2.利用李萨如图形测量未知频率

(1)将另一台信号发生器的主输出端连接到示波器 CH1(X)通道输入端,作为可改变频率的已知标准信号源,频率为 f_x;将实验 1 接在 CH2(Y)通道的信号作为待测信号,频率为 f_y.

(2)旋转周期扫描旋钮至 X-Y 挡位,此时可出现李萨如图形(因 f_x 未调节,可能很复杂).调节 X 通道和 Y 通道的 V/DIV 旋钮,使图形大小适中,调节水平和竖直位移旋钮,使图形居中.

(3)调节与 X 通道相连的信号发生器输出的频率 f_x(只调节 X 轴信号发生器,不得调节 Y 轴的待测频率),当屏幕上出现可分辨且变化很慢的李萨如图形时,记录此时 f_x 的频率数值,画下此时屏幕上某一瞬间状态的李萨如图形,再分别数出水平线和垂直线与该图形的最多交点数,从而计算出待测频率 f_y.

六、实验数据记录与处理

稳定时 X 通道信号频率 f_x(Hz)				
李萨如图形示意图(某瞬间)				
$f_y/f_x=\dfrac{水平线交点数 N_x}{垂直线交点数 N_y}$				
待测电压频率 $f_y=f_x \cdot N_x/N_y$				
f_y 的平均值(Hz)				

七、思考题

1.示波器为什么能显示待测信号的波形?

2.荧光屏上无光点出现,可能的原因有几种?怎样调节才能使光点出现?

3.荧光屏上波形移动可能是由什么原因引起的?

八、附录

1. YB43020B 模拟示波器使用说明

YB43020B 模拟示波器整体外观如图 4-13-8 所示.

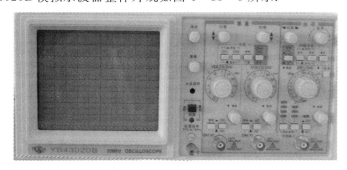

图 4-13-8 示波器控制面板

主要按键及旋钮的功能如下：

(1)电源开关：按入此开关，仪器电源接通，指示灯亮.

(2)聚焦：用以调节示波管电子束的焦点，使显示的光点成为细而清晰的圆点.

(3)校准信号：此端口输出幅度为 0.5 V、频率为 1 kHz 的方波信号.

(4)垂直位移：用以调节光迹在垂直方向的位置.

(5)垂直方式：选择垂直系统的工作方式.

CH1：只显示 CH1 通道的信号；

CH2：只显示 CH2 通道的信号.

交替：用于同时观察两路信号，此时两路信号交替显示，该方式适合于在扫描速率较快时使用；断续：两路信号断续工作，适合于在扫描速率较慢时同时观察两路信号.

叠加：用于显示两路信号相加的结果，当 CH2 极性开关被按入时，则两信号相减.

CH2 反相：按入此键，CH2 的信号被反相.

(6)电压衰放旋钮(VOLTS/DIV)：选择垂直轴的偏转系数，从 5 mV/div 到 5 V/div 分 10 个挡级调整，可根据被测信号的电压幅度选择合适的挡级.

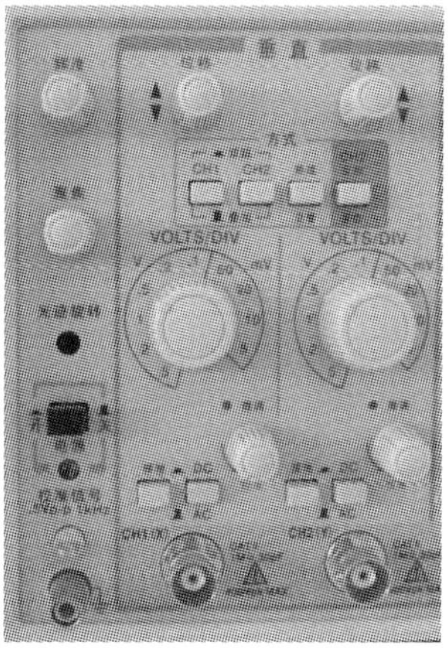

图 4-13-9 灵敏度选择开关放大图

(7)微调：用以连续调节垂直轴偏转系数，调节范围≥2.5 倍，该旋钮逆时针旋足时为校准位置，此时可根据"VOLTS/DIV"开关度盘位置和屏幕显示幅度读取该信号的电压值.

(8) 耦合方式(AC GND DC):垂直通道的输入耦合方式选择.

AC:信号中的直流分量被隔开,用以观察信号的交流成分.

DC:信号与仪器通道直接耦合,当需要观察信号的直流分量或被测信号的频率较低时,应选用此方式.

GND:输入端处于接地状态,用以确定输入端为零电位时光迹所在位置.

(9) 水平位移:用以调节光迹在水平方向的位置.

(10) 电平:用以调节被测信号达到某一电平值时触发扫描.

(11) 极性:用以选择被测信号在上升沿或下降沿触发扫描.

(12) 扫描方式:选择产生扫描的方式.

自动:当无触发信号输入时,屏幕上显示扫描光迹,一旦有触发信号输入,电路自动转换为触发扫描状态,调节电平可使波形稳定地显示在屏幕上,此方式适合观察频率在 50 Hz 以上的信号.

图 4-13-10 扫描速率选择开关放大图

常态:无信号输入时,屏幕上无光迹显示,有信号输入时,且触发电平旋钮在合适位置上,电路被触发扫描. 当被测信号频率低于 50 Hz 时,必须选择该方式.

锁定:仪器工作在锁定状态后,无须调节电平即可使波形稳定地显示在屏幕上.

单次:用于产生单次扫描,进入单次状态后,按动复位键,电路工作在单次扫描方式,扫描电路处于等待状态. 当触发信号输入时,扫描只产生一次,下次扫描需再次按动复位按键.

(13) ×5 扩展:按入后扫描速度扩展 5 倍.

(14) 同期扫描旋钮(SEC/DIV):根据被测信号的频率高低,选择合适的挡极. 当扫描"微调"置校准位置时,可根据度盘的位置和波形在水平轴的距离读出被测信号的时间参数.

(15) 微调:用于连续调节扫描速率,调节范围≥2.5 倍,逆时针旋足为校准位置.

(16) 触发源:用于选择不同的触发源.

CH1:在双踪显示时,触发信号来自 CH1 通道,单踪显示时,触发信号则来自被显示的通道.

CH2:在双踪显示时,触发信号来自 CH2 通道,单踪显示时,触发信号则来自被显示的通道.

交替:在双踪交替显示时,触发信号交替来自于两个 Y 通道,此方式用于同时观察两路不相关的信号.

外接:触发信号来自于外接输入端口.

*2. YB43020B 模拟示波器使用举例说明

例1 校准信号的测量.

实验步骤:

(1)把校准信号接入 CH2 通道.

(2)扫描方式选择自动,通道选择 CH2,耦合方式选择 GND,把地线通过垂直位移旋钮调整到屏幕中央.

(3)耦合方式选择 DC,调整电压衰放旋钮以及周期扫描旋钮到合适位置,使屏幕显示 2 到 3 个波形,读出幅度和周期.

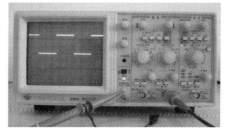

图 4-13-11 校准信号测量示例

读数:

$V_{pp} = 0.2 \text{ V/DIV} \times 2.5 \text{ DIV} = 0.5 \text{ V}$

$T = 0.2 \text{ ms/DIV} \times 5 \text{ DIV} = 1 \text{ ms}$

$f = 1/T = 1 \text{ kHz}$

例2 显示 $f = 2 \text{ kHz}$, $V_{pp} = 5 \text{ V}$ 正弦波的测量.

实验步骤与例 1 基本相同,对于正弦波耦合方式选择 AC.

读数:

$V_{pp} = 1 \text{ V/DIV} \times 5 \text{ DIV} = 5 \text{ V}$

$T = 0.1 \text{ ms/DIV} \times 5 \text{ DIV} = 0.5 \text{ ms}$

$f = 1/T = 2 \text{ kHz}$

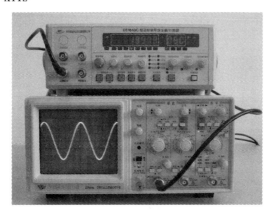

图 4-13-12 正弦信号测量显示图

3. CA1645 系列 DDS(直接数字合成)信号发生器使用说明

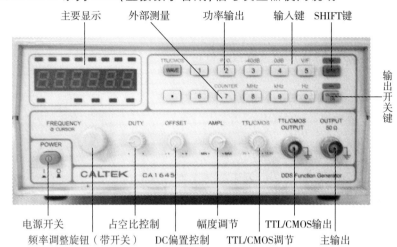

图 4—13—13 信号发生器控制面板

【主要显示】

(1) 8 段 LED：█ 显示频率与电压.

(2) TTL/CMOS 指示器：[TTL] [CMOS] 指示 TTL/CMOS 输出是否动作.

(3) 波形指示器：[∼] [⊓] [∧] 指示输出波形正弦波、方波或三角波.

(4) 频率指示器：[M] [K] [Hz] 指示输出频率，单位为 MHz、kHz 或 Hz.

(5) 电压单位指示器：[m] [V] 指示电压单位 mV 与 V.

(6) −40 dB 指示器：[-40dB] 指示 40 dB 衰减器是否动作.

(7) 功率输出指示器：[P.O.] 指示是否有功率输出(选件).

(8) 频率测量指示器：[CNTR] 指示是否进入外部频率测量功能(选件).

【输入键】

(1) 波形键：[WAVE] 选择波形正弦波、方波或三角波.

(2) 产生 TTL：[SHIFT]→[WAVE] 激活 TTL/CMOS 输出.

(3) 数字键：[0]～[9] 输入频率.

(4) 频率单位选择：([SHIFT] [8ᴹᴴᶻ]) ([9ᵏᴴᶻ] [0ᴴᶻ]) 选择频率单位 MHz、kHz 或 Hz.

(5) −40 dB 衰减： SHIFT → −40dB 3 调节衰减振幅为 −40 dB．

(6) 0 dB： SHIFT → 0dB 4 恢复幅度不衰减的减态．

(7) 频率/电压显示： SHIFT → V/F 5 在频率与电压间切换显示．

(8) 功率输出(选件)： SHIFT → P.O. 2 输出功率组合键．

(9) 频率测量(选件)： SHIFT → COUNTER 7 外部频率测频组合键．

(10) SHIFT 键： SHIFT 选择输入键的第二功能键，SHIFT 键按下 LED 亮．

(11) 输出开/关键： OUTPUT ON 输出 ON/OFF 切换，当输出为 ON 时，LED 亮．

【其他】

(1) 频率调整旋钮：   按下可选择光标位置调整频率；旋转可改变大小．

(2) 主输出： OUTPUT 50 Ω 正弦波、方波、三角波的 BNC(同轴电缆接插件)，50 Ω 的输出阻抗．

(3) TTL/CMOS 输： TTL/CMOS OUTPUT 输出 TTL/COMOS 的 BNC．

(4) 幅度调节： AMPL (MIN● ●MAX)

(5) DC 控制： OFFSET 直流电平调节．

(6)占空比控制： 方波与 TTL 时有效.

【操作说明】

波形产生正弦波、方波或三角波 WAVE

(1)重复按下波形选择键会在显示器中显示相应的波形.

(2)按下 OUTPUT 键,相应的指示灯被点亮.

(3)波形输出端口输出.

【设置频率】

输入频率:使用数字键输入波形频率.

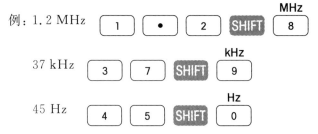

【编辑频率】

重复按下编码开关可选择数码管移位.

逆时针旋转编码开关可把频率减小.

顺时针旋转编码开关增大频率.

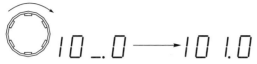

最大频率错误限制:

当频率超过最大频率时提示:

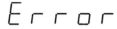

【观测幅度】

按下 SHIFT+5(V/F),会显示电压幅度,重复操作返回频率值显示:

调节幅度电位器改变幅度的大小.

−40 dB 衰减

按下 SHIFT+3(−40 dB),主输出将会衰减并且显示屏上−40 dB 指示将亮,按下 SHIFT+4(0 dB)−40 dB 熄灭;

产生 TTL/CMOS:

(1)按下 SHIFT+TTL/COMOS 输出组合键,对应的 TTL/COMS 指示灯被点亮,TTL/COMOS 输出被激活.

(2)调节带开关电位器可切换 TTL/CMOS 状态.

(3)TTL/CMOS 波形输出端口输出.

实验十四　RLC 电路设计

设计一　电路元件伏安特性的测绘

一、实验目的

1. 学习测量线性和非线性电阻元件伏安特性的方法,并绘制其特性曲线.
2. 掌握运用伏安法判定电阻元件类型的方法.

二、实验原理

1. 电阻元件伏安特性

两端电阻元件的伏安特性是指元件的端电压与通过该元件的电流之间的函数关系.通过一定的测量电路,用电压表、电流表可测定电阻元件的伏安特性,由测得的伏安特性可了解该元件的性质.通过测量得到元件伏安特性的方法称为伏安测量法(简称伏安法).把电阻元件上的电压取为纵(或横)坐标,电流取为横(或纵)坐标,根据测量所得数据,画出电压和电流的关系曲线,称为该电阻元件的伏安特性曲线.

(1)线性电阻元件.线性电阻元件的伏安特性满足欧姆定律.在关联参考方向下,可表示为:$U=IR$,其中 R 为常量,是电阻的阻值,它不随其两端所加电压或电流的改变而改变,其伏安特性曲线是一条过坐标原点的直线,具有双向性.如图 4-14-1(a)所示.

(2)非线性电阻元件.非线性电阻元件不遵循欧姆定律,它的阻值 R 随着其两端所加电压或电流的改变而改变,即它不是一个常量,其伏安特性是一条过坐标原点的曲线,如图 4-14-1(b)所示.

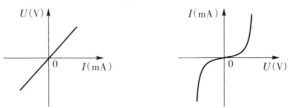

(a)线性电阻的伏安特性曲线　　(b)非线性电阻的伏安特性曲线

图 4-14-1　电阻元件伏安特性曲线图

(3)测量方法.在待测电阻元件上施加不同极性和幅值的电压,测量出流过该元件中的电流;或在待测电阻元件中通入不同方向和幅值的电流,测量该元件两端的电压,便得到待测电阻元件的伏安特性.

三、实验设备

序号	名 称	数量	型号规格
1	直流稳压电源	1台	0~15 V可调(自备)
2	数字式万用表	2只	三位半(有200 μA直流量程)(自备)
3	电阻	1只	100 Ω×1
4	白炽灯泡	1只	12 V/0.1A
5	灯座	1只	
6	短接桥和连接导线	若干	P_8-1 和 50148
7	实验用9孔插件板	1块	297 mm×300 mm

四、实验步骤

1. 测量线性电阻元件的伏安特性

(1)按图4-14-2接线,取 $R_L=100$ Ω,U_S 是直流稳压电源电压,先将稳压电源输出电压旋钮置于零位.

(2)调节稳压电源输出电压旋钮,使电压 U_S 分别为 0 V、1 V、2 V、3 V、4 V、5 V、6 V、7 V、8 V、9 V 和 10 V,并测量对应的电流值和负载 R_L 两端的电压 U,数据记入表4-14-1中;然后断开电源,稳压电源输出电压旋钮置于零位.

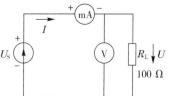

图4-14-2 线性电阻元件伏安特性测量图

表4-14-1 线性电阻元件实验数据

U_S(V)	0	1	2	3	4	5	6	7	8	9	10
I(mA)											
U(V)											
$R=U/I$(Ω)											

(3)根据测得的数据,在坐标平面上绘制出 $R_L=100$ Ω 电阻的伏安特性曲线.先取点,再用光滑曲线连接各点.

2.测量非线性电阻元件的伏安特性

按图 4－14－3 接线,实验中所用的非线性电阻元件为 12 V/0.1 A 小灯泡.

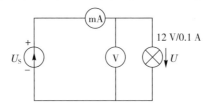

图 4－14－3　非线性电阻元件伏安特性测量图

调节稳压电源输出电压旋钮,使其输出电压分别为 0 V、1 V、2 V、3 V、4 V、5 V、6 V、7 V、8 V、9 V、10 V、11 V 和 12 V,测量相对应的电流值 I 及灯泡两端电压 U,将数据记入表 4－14－2 中;然后断开电源,将稳压电源输出电压旋钮置于零位.

表 4－14－2　非线性电阻元件实验数据

U_S(V)	0	1	2	3	4	5	6	7	8	9	10	11	12
I(mA)													
U(V)													
$R=U/I(\Omega)$													

根据测得的数据,在下面坐标平面上绘制出白炽灯的伏安特性曲线.

五、分析和讨论

1. 比较 $R_L=100\ \Omega$ 电阻与白炽灯的伏安特性曲线,能得出什么结论?
2. 根据不同的伏安特性曲线的性质分别称它们为什么电阻?
3. 从伏安特性曲线看欧姆定律,它对哪些元件成立?对哪些元件不成立?

设计二　基本电路的测量

一、实验目的

1. 通过实验,进一步理解电路中的电位和电压的概念.
2. 学会测量电路中的电位和电压,并确定其正负号.
3. 深入理解电路中等电位点的概念.

二、实验原理

1. 电压

在电路中任意选定一个参考点,令参考点的电位为零,某一点的电位就是该点与参考点间的电压.参考点选定后,各点的电位具有唯一确定的值,这样就能比较电路中各点电位的高低.参考点不同,各点的电位也就不同.

电路中任意两点间的电压等于该两点间的电位差,电压与参考点的选择无关.

2. 测量电路中的电压和电位

测量电路中任意两点间的电压时,先在电路中假定电压的参考方向(或参考极性),将电压表的正、负极分别与电路中假定的正、负极相连接.若电压表正向偏转(实际极性与参考极性相同),则该电压记作正值;若电压表反向偏转,立即将电压表的两表笔相互交换接触位置,再读取读数(实际极性与参考极性相反),则该电压记作负值.

测量电路中的电位时,首先在电路中选定一参考点时,将电压表跨接在待测点与参考点之间,电压表的读数就是该点的电位值.当电压表的正极接待测点,负极接参考点时,电压表正向偏转,该点的电位为正值;若电压表反向偏转,则立即交换电压表两表笔的接触位置,读取读数,该点的电位为负值.

在电路中电位相等的点叫等电位点.连接等电位点的导线中电流为零,连接后不会影响电路中各点的电位及各支路的电压和电流.

三、实验设备

序号	名　　称	数量	型号规格
1	直流稳压电源	1台	可调(自备)
2	数字式万用表	2只	三位半(有 200 μA 直流量程)(自备)
3	开关	1只	

续表

序号	名称	数量	型号规格
4	干电池	2节	
5	电池盒	2只	
6	电阻	2只	20 Ω×1,200 Ω×1
7	可变电阻器	1只	220 Ω/3 W×1
8	白炽灯泡	1只	12 V/0.1 A
9	灯座	1只	
10	短接桥和连接导线	若干	P_8-1 和 50148
11	实验用9孔插件板	1块	297 mm×300 mm

四、实验步骤

1. 按图4－14－4接线,D与F点间暂不连接,电池电压$U_{S1}=3$ V,稳压电源电压$U_{S2}=8$ V,R_p为可变电阻器,电阻$R_1=51$ Ω,$R_2=200$ Ω.

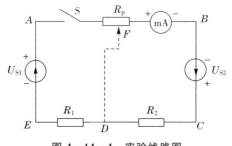

图4－14－4 实验线路图

2. 测电流.闭合开关S,从电流表读取回路电流I的值,记入表4－14－3中.

3. 选择D点为参考点,即电位$\varphi_D=0$,测量表4－14－3中所列各点电位和各段电压,并记入表4－14－3中(测量时注意电位和电压的正负).

4. 选择E点为参考点,即电位$\varphi_E=0$,重复上述测量,将数据记入表4－14－3中.

表4－14－3 数据记录表格

参考点	电流	电位					电压				
	I	φ_A	φ_B	φ_C	φ_D	φ_E	U_{AB}	U_{BC}	U_{CD}	U_{DE}	U_{EA}
D点为参考点											
E点为参考点											
E点为参考点,且$\varphi_F=\varphi_D$,D与F相连接											

5.测定等电位点.选择 E 点为参考点,把电压表置于 D 与 F 之间,调节可变电阻器的滑动触点 F,使电压表指示为零值(或 D 与 F 间接入电流表,使电流为零值),D 与 F 两点即为等电位点.再用导线连接 D 与 F 两点,分别测量表 4-14-3 中所列各点电位和各段电压,并记入表 4-14-3 中.

五、注意事项

测量电压和电位时,要注意电压表的极性,并根据电压的参考极性与测定的实际极性是否一致,确定电压和电位的正负号.

六、分析和讨论

1.复习电路中电位和电压的概念.
2.根据图 4-14-4 中已给定的参数,估算出表 4-14-3 中各点的电位、各段电压的大小和极性,供实验中参考.

设计三 基本仪器的使用

一、实验目的

1.了解示波器的技术指标、工作原理.
2.熟悉示波器面板上各旋钮的作用及正确使用方法.
3.用示波器测量脉冲信号的脉宽、周期,测量正弦信号的幅值、频率和两个同频率正弦信号的相位关系.
4.学习使用低频信号发生器、交流毫伏表.

二、实验原理

阴极射线示波器简称示波器.本实验选用通用双踪示波器,它能把电信号转换成可在荧光屏上直接观察的图像.

双踪示波器既可测量单个电信号,也可同时观察两个信号.假设它的两个通道分别为 Y_1 和 Y_2,当由电子线路组成的电子开关接通 Y_1 通道时,受信号 u_1 的控制,荧光屏上显示 u_1 信号的波形;同理,当接通 Y_2 通道时,荧光屏上显示 u_2 的波形.如果电子开关以足够高的速度交替接通 Y_1 和 Y_2 通道,由于荧光屏的余辉和人眼的视觉暂留效应,就可在荧光屏上同时观察到 u_1 和 u_2 两个信号波形.

当要同时观察两个信号波形时,将 Y 轴工作方式开关置"交替"或"断续"位置.置"交替"位置时,信号频率应为几百赫兹以上;若需观察几十赫兹以下的信号时,应置"断续"位置.

一般双踪示波器的最高灵敏度为 5(或 10) mV/div,由于外界电磁波的杂散干扰容易进入示波器,所以必须正确选用屏蔽线和接地点.由于示波器的机壳是一个输入端点(另一个端点是电缆芯线),所以在大多数实验中,应把示波器的机壳、其他设备的机壳和线路上的参考电位点连接在一起,称"共地",即设公共点电位为零.如接地不可靠,屏幕上的波形会上、下移动,影响正常测量工作;如接线不正确,还可能烧毁仪器.示波器的输入阻抗为 1 MΩ,使用衰减探头时为 10 MΩ,即信号会衰减 10 倍,计算信号幅度时要乘以 10.扫描扩展可增大扫速 10 倍,扫描微调、灵敏度微调连续可调,变化范围大于 2.5 倍.

使用示波器时,要注意旋钮位置有无错位,因旋钮帽盖上的紧固螺丝经常有打滑现象,当旋钮开关已处于极限位置时,切勿再用力旋转,以免损坏开关.

三、实验设备

序号	名　称	数量	型号规格
1	双踪示波器	1 台	(自备)
2	低频信号发生器	1 台	(自备)
3	数字式万用表	1 只	三位半(有 200 μA 直流量程)(自备)
4	二极管	1 只	1N4007×1
5	电阻	1 只	1 kΩ×1
6	短接桥和连接导线	若干	P_8-1 和 50148
7	实验用 9 孔插件板	1 块	297 mm×300 mm

四、实验步骤

1. 示波器的校准

将有关旋钮置于适当位置,接通电源,适当调节亮度、聚焦、位移等旋钮,使扫描线清晰居中.

用 1∶1 探极将示波器的校准信号接至 Y_1 或 Y_2 输入端,将 Y 轴输入耦合开关分别置于"DC""⊥""AC"挡,观察校准信号的波形(注意:观察过程中不要移动基线位置,同时灵敏度和扫描微调应置于校准位置,即顺时针旋到底),注意三种耦合方式的区别,并将观察到的波形及有关参数记录到表 4-14-4 中.计算后观察频率和幅度是否正常,若不正常,请老师校准.

表 4－14－4　数据记录表格

	X 轴		Y 轴		计算 T,T_P,U_P
	扫描时间 (ms/div)	周期格数 (div)	灵敏度 (V/div)	幅值格数 (div)	
DC 挡					
⊥ 挡					
AC 挡					

2. 测量 1000 Hz 正弦信号波形

调节低频信号发生器的正弦信号输出,使其频率为 1000 Hz,幅度有效值为 1 V(用交流毫表测),用 1∶1 探极将此信号送入 Y_1 通道,要求调出峰峰值在 5～6 格之间的一个稳定波形,并将波形及相应的 Y 轴灵敏度和 X 轴扫描速率(此时灵敏度和扫描速率微调应置于校准位置,即顺时针旋到底)记入表 4－14－5 中.

表 4－14－5　数据记录表格

	X 轴		Y 轴		计算 T,T_P,U_P
	扫描时间 (ms/div)	周期格数 (div)	灵敏度 (V/div)	幅值格数 (div)	
1000 Hz 正弦信号					

3. 观察半波整流信号波形

按图 4－14－5 接线,将整流滤波电路接上低压交流电源,用示波器观察并在图 4－14－6 中绘出波形.

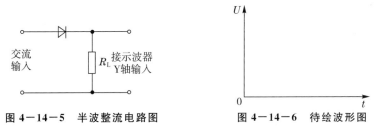

图 4－14－5　半波整流电路图　　　　图 4－14－6　待绘波形图

五、注意事项

1. 示波器亮度不能开得太亮,仪器电源不要时断时通;选择扫描频率范围时,扫描频率应与待测信号频率相应,所观察的波形应全部调节到显示屏的范围内.

2. 从信号发生器引出的输出电压和"接地"不可短路,以免损坏信号发生器;输出电压应从 0⇒规定值⇒0;仪器电源不要时断时通.

3. 用交流毫伏表测量交流电所得的是有效值.

六、分析和讨论

根据实验内容 1 描绘的波形和旋钮挡位,计算信号的 U_{P-P},U_m,U,T 及 f,并将 f 值与信号源的频率值对照,将算得的 U 值与交流毫伏表测得的值对照,比较两者是否一致.若相差甚大,试说明原因.

设计四 整流滤波电路

一、实验目的

1. 熟悉单相整流、滤波电路的连接方法.
2. 学习单相整流、滤波电路的测试方法.
3. 加深理解整流、滤波电路的作用和特性.

二、实验原理

1. 整流电路

整流电路有半波整流、全波整流和桥式整流三种电路,分别如图 4-14-7(a)、图 4-14-7(b) 和图 4-14-7(c) 所示.

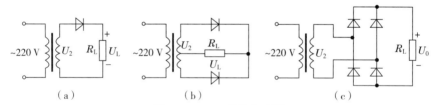

图 4-14-7 整流电路图

半波整流的输出电压为 $U_0=0.45U_2$,全波整流的输出电压为 $U_0=0.9U_2$,桥式整流的输出电压为 $U_0=0.9U_2$,其中 U_0 为平均值,U_2 为有效值.

2. 滤波电路

在小功率的电子设备中,常用的是电容滤波电路,如图 4-14-8 所示.当 $C \geqslant (3\sim5)T/2R_L$ 时(其中 T 为电源周期,$R_L=R+R_W$),输出电压为 $U_0=(1.1\sim1.2)U_2$.

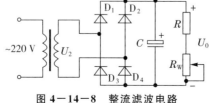

图 4-14-8 整流滤波电路

三、实验设备

序号	名称	数量	型号规格
1	双踪示波器	1台	（自备）
2	AC电源	1台	6 V,12 V,18 V
3	数字式万用表	1只	三位半(有200 μA 直流量程)(自备)
4	二极管	4只	1N4007×4
5	电阻	1只	1 kΩ×1
6	电位器	1只	10 kΩ×1
7	电容器	2只	10 μF×1,470 μF×1
8	短接桥和连接导线	若干	P_8-1和50148
9	实验用9孔插件板	1块	297 mm×300 mm

四、实验步骤

1. 桥式整流电路

按图4-14-7(c)接线,检查无误后进行通电测试.将万用表测出的电压值记录于表4-14-6中,将示波器观察到的变压器副边电压波形绘于图4-14-9(a)中,将整流级电压绘于图4-14-9(b)中.

表4-14-6 数据记录表格

变压器输出电压 U_2(V)	整流级输出电压(V)	
	估算值	测量值

2. 整流滤波电路

按图4-14-8连接整流滤波电路,检查无误后进行通电测试,测滤波级输出电压,记录于表4-14-7中,将观察到的输出波形绘于图4-14-9(c)中.

表4-14-7 数据记录表格

变压器次级电压 U_2（V）	输出电压 U_0(V)				估算值 $U_0=1.2U_2$ (V)
	负载不变(R_L=1 kΩ)		滤波电容不变(C=470 μF)		
	C=10 μF	C=470 μF	R_L=1~10 kΩ	R_L=∞	

3. 观察电容滤波特性

(1) 保持负载不变,增大滤波电容,观察输出电压数值与波形变化情况,记录于表 4－14－6 中,并将波形绘于图 4－14－9(d)中.

(2) 保持滤波电容不变,改变负载电阻,观察输出电压数值和波形变化情况,记录于表 4－14－6 中,并将波形绘于图 4－14－9(e)、4－14－9(f)中.

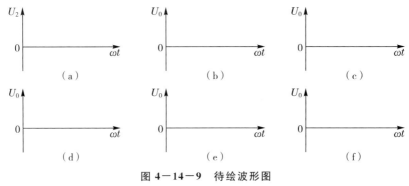

图 4－14－9 待绘波形图

五、分析和讨论

1. 分析表 4－14－5 中估算值与测量值产生误差的原因.

2. 分析表 4－14－6 测试记录与响应的波形,可得到什么结论?

3. 在图 4－14－7(c)整流电路中,若观察到输出电压波形为半波,电路中可能存在什么故障?

4. 在图 4－14－8 整流滤波电路中,若观察到输出电压波形为全波,电路中可能存在什么故障?

设计五 稳压电路

一、实验目的

1. 掌握稳压电路工作原理及各元件在电路中的作用.
2. 学习直流稳压电源的安装、调整和测试方法.
3. 熟悉和掌握线性集成稳压电路的工作原理.
4. 学习线性集成稳压电路技术指标的测量方法.

二、实验原理

直流稳压电源是电子设备中最基本、最常用的仪器之一. 它作为能源可保证

第四章 电磁学实验

电子设备的正常运行.

直流稳压电源一般由整流电路、滤波电路和稳压电路三部分组成,如图 4-14-10 所示.

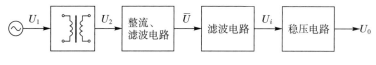

图 4-14-10 直流稳压电路图

在此,我们讨论由 7805 组成的直流稳压电路.

线性集成稳压电路组成的稳压电源如图 4-14-11 所示,图中各电容的作用分别为:

C_1:滤波电容,电容量和负载电流 I_0 之间经验公式为

$$C_1 = (1500 \sim 2000)(\mu F) \cdot I_0(A)$$

C_2:抑制稳压器自激振荡.

C_3:抑制高频噪声.

三、实验设备

序号	名　　称	数量	型号规格
1	双踪示波器	1 台	(自备)
2	电源	1 台	18 V/12 V/6 V
3	数字式万用表	1 只	三位半(有 200 μA 直流量程)(自备)
4	稳压块	1 只	7805×1
5	二极管	4 只	1N4007×4
6	电阻	3 只	100 Ω/2 W×1,200 Ω/2 W×1,1 kΩ/2 W×1
7	电位器	1 只	10 kΩ×1
8	电容器	3 只	0.1 μF×1,1 μF×1,470 μF×1
9	短接桥和连接导线	若干	P_8-1 和 50148
10	实验用 9 孔插件板	1 块	297 mm×300 mm

四、实验内容与步骤

1. 接线

按图 4-14-11 连接电路,电路接好后在 A 点处断开,测量并记录 U_1 的波

形(即 U_A 的波形);然后接通 A 点后面的电路,观察 U_0 的波形,如有振荡应消除,调节 R_W,输出电压若有变化,则电路的工作基本正常.

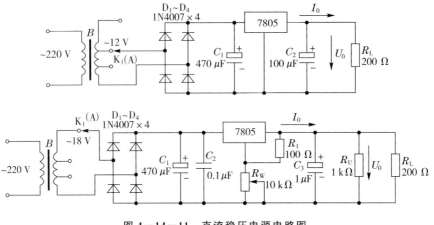

图 4—14—11　直流稳压电源电路图

2. 测量稳压电源输出范围

调节 R_W,用示波器监视输出电压 U_0 的波形,分别测出稳压电路的最大和最小输出电压以及相应的 U_i 值.

3. 测量稳压块的基准电压(即 100 Ω 电阻两端的电压)

观察纹波电压,调节 R_W,使 $U_0=5$ V,用示波器观察稳压电路输入电压 U_i 的波形,并记录纹波电压的大小,再观察输出电压 U_0 的纹波,比较两者的基准电压.

4. 测量稳压电源输出电阻 r_0

断开 $R_L(R_L=\infty)$,用万用表测量 R_L 两端的电压,记为 U_0';然后接入 R_L,测出相应的输出电压,记为 U_0,则稳压电源输出电阻 r_0 为

$$r_0 = \left(\frac{U_0'}{U_0} - 1\right) \times R_L$$

五、分析与讨论

1. 列表整理所测的实验数据,绘出所观测到的各部分波形.
2. 按实验内容分析所测的实验结果与理论值的差别,分析产生误差的原因.
3. 简要叙述实验中所发生的故障及排除方法.

说明:交流变压器初级指示灯为电源接通,次级指示灯为对应低压绕组短路指示,灯亮时需仔细检查并排除故障.

设计六　RC一阶电路响应与研究

一、实验目的

1. 加深理解 RC 电路过渡过程的规律及电路参数对过渡过程的理解.
2. 学会测定 RC 电路的时间常数的方法.
3. 观测 RC 充放电电路中电流和电容电压的波形图.

二、实验原理

1. 电路的充电过程

在图 4－14　12 电路中,设电容器上的初始电压为零,开关 K 向"2"闭合的瞬间,由于电容电压 U_C 不能跃变,故电路中的电流为最大,$i=\dfrac{U_S}{R}$,此后电容电压随时间逐渐升高,直至 $U_C=U_S$;电流随时间逐渐减小,最后 $i=0$,充电过程结束;充电过程中的电压 U_C 和电流 i 均随时间按指数规律变化. U_C 和 i 的数学表达式为

$$U_C(t) = U_S(1 - e^{-\frac{t}{RC}}) \tag{1}$$

$$i = \frac{U_S}{R} \cdot e^{-\frac{t}{RC}}$$

(1)式为其电路方程,是一阶微分方程.用一阶微分方程描述的电路为一阶电路.上述的暂态过程为电容充电过程,充电曲线如图 4－14－13 所示.理论上要无限长的时间电容器才能充电完成,实际上,当 $t=5RC$ 时,U_C 已达到 99.3% U_S,充电过程已近似结束.

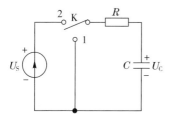
图 4－14－12　一阶 RC 电路

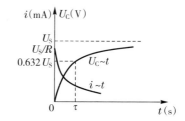
图 4－14－13　充电时电压和电流的变化曲线

2. RC 电路的放电过程

在图 4－14－12 电路中,若电容 C 已充有电压 U_S,将开关 K 向"1"闭合,电

容器立即对电阻 R 进行放电. 放电开始时的电流为 $\dfrac{U_\mathrm{S}}{R}$, 放电电流的实际方向与充电时相反, 放电时的电流 i 与电容电压 U_C 随时间均按指数规律衰减为零, 电流和电压的数学表达式为

$$U_\mathrm{C}(t)=U_\mathrm{S}\cdot e^{-\frac{t}{RC}},\ i=-\dfrac{U_\mathrm{S}}{R}\cdot e^{-\frac{t}{RC}} \tag{2}$$

式中, U_S 为电容器的初始电压. 这一暂态过程是电容放电过程, 放电曲线如图 4-14-14 所示.

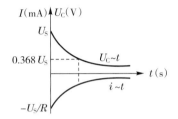

图 4-14-14　RC 放电时电压和电流的变化曲线

3. RC 电路的时间常数

RC 电路的时间常数用 τ 表示, $\tau=RC$, τ 的大小决定了电路充放电时间的快慢. 对充电而言, 时间常数 τ 是电容电压 U_C 从 0 增长到 63.2%U_S 所需的时间; 对放电而言, τ 是电容电压 U_C 从 U_S 下降到 36.8%U_S 所需的时间, 如图 4-14-13 和图 4-14-14 所示.

4. RC 充放电电路中电流和电容电压的波形图

在图 4-14-15 中, 将周期性方波电压加于 RC 电路上, 当方波电压的幅度上升为 U 时, 相当于一个直流电压源 U 对电容 C 充电; 当方波电压下降为零时, 相当于电容 C 通过电阻 R 放电, 图 4-14-16(a) 和图 4-14-16(b) 所示为方波电压与电容电压的波形图, 图 4-14-16(c) 所示为电流 i 的波形图, 它与电阻电压的波形相似 (图 4-14-16(d)).

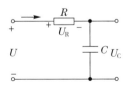

图 4-14-15　RC 充放电电路

5. 微分电路和积分电路图

如图 4－14－15 所示的 RC 充放电电路中，当电源方波电压的周期 $T \gg \tau$ 时，电容器充放电速度很快，若 $U_C \gg U_R$，$U_C \approx u$，在电阻两端的电压为

$$U_R = iR \approx RC \frac{\mathrm{d}U_C}{\mathrm{d}t} \approx RC \frac{\mathrm{d}u}{\mathrm{d}t}$$

这就是说，电阻两端的输出电压 U_R 与输入电压 U 的微分近似成正比，此电路称为微分电路，当电源方波电压的周期 $T \ll \tau$ 时，电容器充放电速度很慢，又若 $U_C \ll U_R$，$U_R \approx u$，在电阻两端的电压为

$$U_C = \frac{1}{C}\int i\mathrm{d}t = \frac{1}{C}\int \frac{U_R}{R}\mathrm{d}t \approx \frac{1}{RC}\int u\mathrm{d}t$$

这就是说，电容两端的输出电压 U_C 与输入电压 U 的积分近似成正比，此电路称为积分电路．

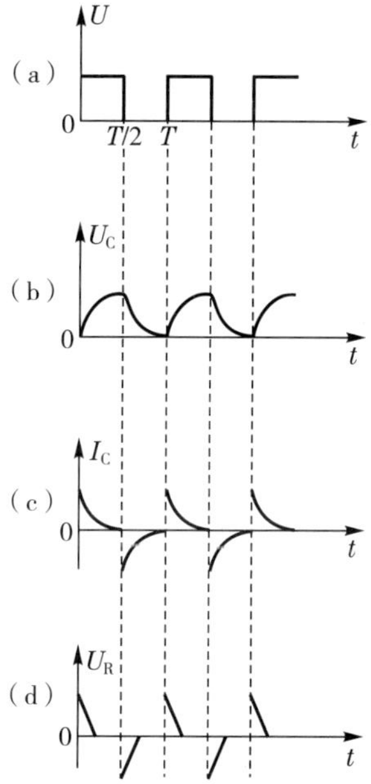

图 4－14－16　微分电路波形图

三、实验设备

序号	名　称	数量	型号规格
1	双踪示波器	1 台	（自备）
2	直流稳压电源	1 台	0～15 V（自备）
3	数字式万用表	1 只	三位半（有 200 μA 直流量程）（自备）
4	信号发生器	1 台	方波、正弦波（自备）
5	单刀单掷开关	1 只	
6	秒表	1 只	（自备）
7	电阻	3 只	51 Ω×1，1 kΩ×1，10 kΩ×1
8	电容器	3 只	22 μF×1，10 μF×1，470 μF×1
9	短接桥和连接导线	若干	P_8－1 和 50148
10	实验用 9 孔插件板	1 块	297 mm×300 mm

四、实验步骤

1. 测定 RC 电路充电和放电过程中电容电压的变化规律

(1) 实验线路如图 4—14—17 所示,电阻 $R=1\text{ k}\Omega$,电容 $C=470\text{ }\mu\text{F}$,直流稳压电源 U_S 输出电压取 10 V,万用表置直流电压"10 V"挡,将万用表并接在电容 C 的两端.首先用导线将电容 C 短接放电,以保证电容的初始电压为零,然后将开关 K 打向位置"1",电容器开始充电,同时立即用秒表计时,读取不同时刻的电容电压 U_C,直至时间 $t=5\tau$ 时结束,将 t 和 $U_C(t)$ 记入表 4—14—8 中.

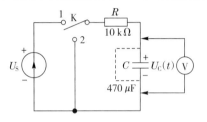
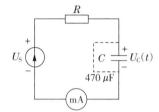

图 4—14—17　RC 充电电路
(测 U_C 变化规律)实验线路图

图 4—14—18　RC 放电电路
(测 i 变化规律)实验线路图

(2) 充电结束后,记下 U_C 值,再将开关 K 打向位置"2"处(可用短接桥的拔插来替代),电容器开始放电,同时立即用秒表重新计时,读取不同时刻的电容电压 U_C,也记入表 4—14—8 中.图 4—14—17 电路中的电阻 R 换为 $10\text{ k}\Omega$,重复上述测量,将测量结果记入表 4—14—9 中.

表 4—14—8　数据记录表格

$R=1\text{ k}\Omega, C=470\text{ }\mu\text{F}, U_S=10\text{ V}$

t(s)	0	5	10	15	20	25	30	35	40	50	60	70	80	90
U_C(V)充电														
U_C(V)放电														

表 4—14—9　数据记录表格

$R=10\text{ k}\Omega, C=470\text{ }\mu\text{F}, U_S=10\text{ V}$

t(s)	0	5	10	15	20	25	30	40	60	80	90	120	150	165
U_C(V)充电														
U_C(V)放电														

(3) 根据表 4—14—8 和表 4—14—9 所测得的数据,以 U_C 为纵坐标,时间 t

为横坐标,画出 RC 电路中电容电压充放电曲线 $U_C = f(t)$。

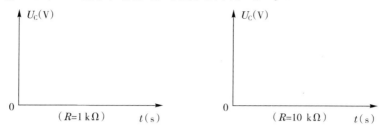

2. 测定 RC 电路充电过程中电流的变化规律

(1) 实验线路如图 4-14-18 所示,电阻 R 取 1 kΩ,电容 C 取 470 μF,直流稳压电源的输出电压取 10 V,万用表置电流"mA"挡,将万用表串联于实验线路中。首先用导线将电容 C 短接,使电容内部的电放光,在拉开电容两端连接导线一端的同时计时,记录下充电时间分别为 5 s、10 s、15 s、20 s、25 s、30 s、35 s、40 s 和 45 s 时的电流值,将数据记录于表 4-14-10 中。

(2) 图 4-14-18 电路中的电阻 R 换为 10 kΩ,重复上述过程,将测量结果记录于表 4-14-10 中。

表 4-14-10　RC 充电过程中电流 I 变化数据记录

充电时间(s)	0	5	10	15	20	25	30	40	45
$R=1$ kΩ, $C=470$ μF									
$R=10$ kΩ, $C=470$ μF									

(3) 根据表 4-14-9 中所列的数据,以充电电流 I 为纵坐标,充电时间 t 为横坐标,绘制 RC 电路充电电流曲线 $I = f(t)$。

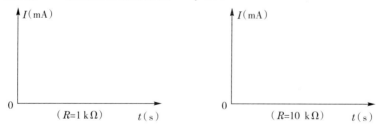

3. 时间常数的测定

(1) 实验线路如图 4-14-17 所示,R 取 10 kΩ,测量 U_C 从 0 上升到 63.2%U_S 所需的时间,亦即测量充电时间常数 τ_1;再测量 U_C 从 U_S 下降到 36.8%U_S 所需的时间,亦即测量放电时间常数 τ_2。将 τ_1、τ_2 记入下面空格处。($U_S = 10$ V)

充电过程中:计算 63.2% $U_S =$ _____,测量 $\tau_1 =$ _____;

放电过程中:计算 36.8% $U_S =$ _____,测量 $\tau_2 =$ _____。

(2)实验线路如图 4-14-18 所示,R 取 10 kΩ,电容 C 取 10 μF,实验方法同步骤2.观测电容充电过程中电流变化情况,试用时间常数的概念,比较说明 R、C 对充放电过程的影响与作用.

4. 观测 RC 电路充放电时电流 i 和电容电压 U_C 的变化波形

实验线路如图 4-14-15 所示,阻值为 10 kΩ,C 取 10 μF,电源信号频率为 $f=1000$ Hz,幅度为 1 V 的方波电压(也可以利用示波器本身输出的校正方波电压).用示波器观看电压波形,电容电压 U_C 由示波器的 Y_A 通道输入,方波电压 U 由 Y_B 通道输入,调整示波器各旋钮,观察 U 与 U_C 的波形,并描下波形图.改变电阻阻值,使 $R=1$ kΩ,观察电压 U_C 波形变化,分析其原因.

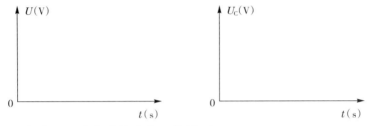

5. 观测微分和积分电路输出电压的波形

按图 4-14-15 接线,取 $R=1$ kΩ,$C=10$ μF($\tau=RC=10$ ms),电源方波电压 U 的频率为 1 kHz,幅值为 1 V($T=1/1000$ s$=1$ ms$\ll\tau$),电容两端的电压 U_C 即为积分输出电压,将方波电压 U 输入示波器的 Y_B 通道,U_C 输入示波器的 Y_A 通道,观察并描绘 U 和 U_C 的波形图.再将图 4-14-15 中 R 和 C 的位置互换,取 $C=10$ μF,$R=51$ Ω($\tau=RC=0.51$ ms),电源方波电压 U 同上($T=1/1000$ s$=1$ ms$\gg\tau$),电阻两端的电压 U_R 即为微分输出电压,将 U 输入示波器的 Y_B 通道,U_R 输入示波器的 Y_A 通道,观察并描绘 U 和 U_R 的波形图.

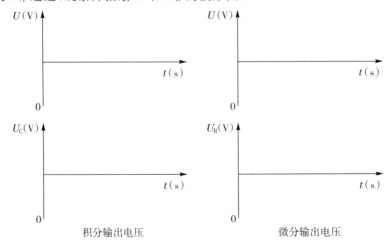

积分输出电压　　　　　　　　　　微分输出电压

五、注意事项

1. 本次实验中要求万用表电压挡的内阻要大,否则测量误差较大,建议采用实验步骤 2(串接毫安表,测量充电电路中电流)的方法.
2. 当使用万用表测量变化中的电容电压时,不要换挡,以保证电路的电阻值不变.
3. 秒表计时和电压/电流表读数要互相配合,尽量做到同步.
4. 电解电容器有正负极性,使用时切勿接错.
5. 每次做 RC 充电实验前,都要用导线短接电容器的两极,以保证其电压为零.

六、分析和讨论

1. 根据实验结果,分析 RC 电路中充放电时间的长短与电路中 RC 元件参数的关系.
2. 通过实验说明 RC 串联电路在什么条件下构成微分电路或积分电路.
3. 将方波信号转换为尖脉冲信号,可通过什么电路来实现?对电路参数有什么要求?
4. 将方波信号转换为三角波信号,可通过什么电路来实现?对电路参数有什么要求?

设计七 二阶电路的响应研究

一、实验目的

1. 研究 RLC 串联电路的电路参数与其暂态过程的关系.
2. 观察二阶电路过阻尼、临界阻尼和欠阻尼三种情况下的响应波形.利用响应波形,计算二阶电路暂态过程的有关参数.
3. 掌握观察动态电路状态轨迹的方法.

二、实验原理

1. 二阶方程

用二阶微分方程来描述的电路称为二阶方程,如图 4—14—19 所示的 RLC 串联电路就是典型的二阶电路.根据回路电压定律,当 $t=0_+$ 时,电路存在:

$$\begin{cases} L \cdot C \dfrac{\mathrm{d}^2 U_C}{\mathrm{d}t^2} + R \cdot C \dfrac{\mathrm{d}U_C}{\mathrm{d}t} + U_C = 0 & (1) \\ U_C(0_+) = U_C(0_-) = U_S & (2) \\ \dfrac{\mathrm{d}U_C(0_+)}{\mathrm{d}t} = \dfrac{i_L(0_+)}{C} = \dfrac{i_L(0_-)}{C} & (3) \end{cases}$$

上式(1)中,每一项均为电压,第一项是电感上的电压 U_L,第二项是电阻上的电压 U_R,第三项是电容上的电压 U_C,即回路中的电压之和为零.各项都是电容上电流 i_C 的函数,这就是二阶方程.

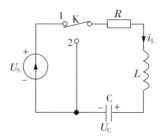

图 4-14-19 RLC 串联电路

上式(2)中,由于电容两端电压不能突变,所以电容上电压 U_C 在开关接通前后瞬间都是相等的,等于信号电压 U_S.

上式(3)中,电容上电压对时间的变化率等于电感上电流对时间的变化率,等于零,即电容上电压不能突变,电感上电流不能突变.

2.由 RLC 串联形成的二阶电路

在选择了不同的参数以后,会产生三种不同的响应,即过阻尼状态、欠阻尼(衰减振荡)和临界阻尼三种情况.

(1)当电路中的电阻过大,即 $R > 2\sqrt{\dfrac{L}{C}}$ 时,称为过阻尼状态.响应中的电压、电流呈现出非周期性变化的特点,其电压、电流波形如图 4-14-20(a)所示.

从图 4-14-20(a)中可以看出,电流振荡不起来.如图 4-14-20(b)所示的状态轨迹就是伏安特性.电流由最大减小到零,没有反方向的电流和电压,是因为经过电阻后能量全部被电阻吸收了.

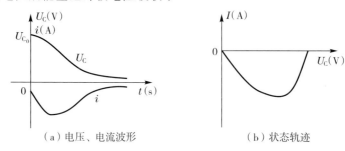

(a)电压、电流波形　　　　　(b)状态轨迹

图 4-14-20 过阻尼状态 RLC 串联电路电压、电流波形及其状态轨迹

(2)当电路中的电阻过小,即 $R<2\sqrt{\dfrac{L}{C}}$ 时,称为欠阻尼状态.响应中的电压、电流具有衰减振荡的特点,此时衰减系数 $\delta=\dfrac{R}{2L}$. $\omega_0=\dfrac{1}{\sqrt{LC}}$ 是在 $R=0$ 的情况下的振荡频率,称为无阻尼振荡电路的固有角频率. 在 $R\neq 0$ 时,RLC 串联电路的固有振荡角频率 $\omega'=\sqrt{\omega_0^2-\delta^2}$ 将随 $\delta=\dfrac{R}{2L}$ 的增加而下降,其电压、电流波形如图 4—14—21 所示. 从图 4—14—21(a)中可见,有反方向的电压和电流,这是因为电阻较小,当过零后,有反充电的现象.

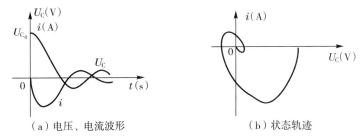

(a)电压、电流波形　　(b)状态轨迹

图 4—14—21　欠阻尼状态 RLC 串联电路电压、电流波形及其状态轨迹

(3)当电路中的电阻适中,即 $R=2\sqrt{\dfrac{L}{C}}$ 时,称为临界状态.此时,衰减系数 $\delta=\omega_0$,$\omega'=\sqrt{\omega_0^2-\delta^2}$,暂态过程界于非周期与振荡之间,其本质属于非周期暂态过程.

四、实验设备

序号	名　称	数量	型号规格
1	双踪示波器	1台	（自备）
2	函数信号发生器	1台	方波、正弦波（自备）
3	电阻	5只	$10\,\Omega\times 1, 1\,\Omega\times 1, 200\,\Omega\times 1, 1\,\text{k}\Omega\times 1, 2\,\text{k}\Omega\times 1$
4	电容	1只	$22\,\text{nF}\times 1$
5	电感	1只	$10\,\text{mH}\times 1$
6	短接桥和连接导线	若干	P_8—1 和 50148
7	实验用9孔插件板	1块	$297\,\text{mm}\times 300\,\text{mm}$

四、实验步骤

1. 测量二阶电路中的衰减系数和波形

将电阻、电容、电感串联成如图 4－14－22 所示的接线图，$U_S=1\text{ V}$，$f=2\text{ kHz}$，改变电阻 R，分别使电路工作在过阻尼、欠阻尼和衰减振荡状态，测量出输出波形．进行数据计算，求出衰减系数 δ、振荡频率 ω，并用示波器测量其电容上电压的波形，将测量结果记入表 4－14－11 中．

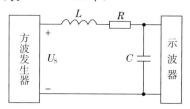

图 4－14－22 二阶电路实验接线图

表 4－14－11 数据记录表格 $\left(\omega_0=\dfrac{1}{\sqrt{LC}}\right)$

	$L=10\text{ mH}, C=0.022\text{ μF}, f_0=1.5\text{ kHz}$		
	$R_1=51\text{ Ω}$	$R_2=1\text{ kΩ}$	$R_3=2\text{ kΩ}$
$\delta=\dfrac{R}{2L}$			
$\omega'=\sqrt{\omega_0^2-\delta^2}$			
电路状态			
波形			

2. 测量不同参数下的衰减系数和波形

保证电路一直处于欠阻尼状态，取三个不同阻值的电阻，用示波器测量输出波形，并计算出衰减系数，将波形和数据记入表 4－14－12 中．

表 4－14－12 数据记录表格 $\left(\omega_0=\dfrac{1}{\sqrt{LC}}\right)$

	$L=10\text{ mH}, C=0.022\text{ μF}, f_0=1.5\text{ kHz}$		
	$R_1=10\text{ Ω}$	$R_2=51\text{ kΩ}$	$R_3=200\text{ kΩ}$
$\delta=\dfrac{R}{2L}$			
$\omega'=\sqrt{\omega_0^2-\delta^2}$			
电路状态			
波形			

五、分析和讨论

1. RLC 串联电路的暂态过程为什么会出现三种不同的工作状态？试从能量转换的角度对其作出解释.

2. 阐述二阶电路产生振荡的条件,振荡波形如何？U_C 与电路参数 RLC 有何关系？

设计八 元件参数的测量

一、实验目的

1. 学习测量 R、C 元件伏安特性的方法.
2. 学习使用交流电压表、交流电流表.

二、实验原理

电阻 R 和电容 C 是交流电路中的基本元件.实际的电阻器和电容器并非理想元件,但在一定的频率范围内,忽略某些次要因素,可以看作理想元件.

(1) 电阻器在低频下,可以忽略其电感和分布电容,视为一个纯电阻. 在如图 4-14-23 所示的电压、电流关联参考方向下,电阻中的电流 i_R 与电压 U 同相位,其有效值 $I_R=U/R$. 通过测量 U 和 I_R,可以作出电阻元件在正弦交流激励下的伏安特性曲线.

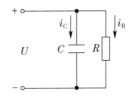

图 4-14-23 RC 电路图

(2) 电容器在低频下可以看作纯电容. 在正弦交流电路中,在电压电流关联参考方向下,电容元件的电流 i_C 比电压 U 超前 $90°$,其有效值 $I_C=U/R_C$,容抗 $X_C=\dfrac{1}{\omega \cdot C}=\dfrac{1}{2\pi f \cdot C}$. 通过测量 I_C 和 U,可以作出电容元件的伏安特性,并间接求取电容 C 的大小.

交流电压表、电流表测量的是正弦交流电的有效值. 使用时,电流表串联在电路中,电压表并联在待测电路两端,交流电压表、电流表没有极性之分,但应该注意量限的合理选择.

电阻是一种耗能元件,在直流电路中和交流电路中它的伏安特性基本相同. 电容是贮能元件,它们在直流电路中的特性与在交流电路中完全不同；电容元件在直流稳态下相当于开路,这些都可以通过实验来比较和观察.

三、实验设备

序号	名称	数量	型号规格
1	AC 电源	1 台	6 V,12 V,18 V
2	直流稳压电源	1 台	0～15 V 可调(自备)
3	数字式万用表	2 只	三位半(有 200 μA 直流量程)(自备)
4	电阻	1 只	200 Ω×1
5	电容	1 只	1 μF×1
6	短接桥和连接导线	若干	P_8-1 和 50148
7	实验用 9 孔插件板	1 块	297 mm×300 mm

四、实验步骤

1.测量电阻 R 的伏安特性

(1)按图 4-14-24 接线,输入不同的电源电压,将电流表、电压表的读数分别记录在表 4-14-13 中,计算阻值.

(2)取 R 的值为 200 Ω,进行上述步骤的测量,将相应读数记录于表 4-14-13 中.

2.测量电容 C 的伏安特性

用电容器代替图 4-14-24 中的电阻 R,输入不同的电源电压,重复步骤 1 的测量,将相应的读数记录于表 4-14-13 中.

表 4-14-13　交流电路中的 R、C 元件

项目	电阻电路			电容电路		
待测量	U	I_R	R	U	I_C	X_C
单位						
序号 1						
序号 2						
序号 3						
序号 4						

3.直流电路中的 R、C 元件

按图 4-14-25 接线,加上直流电源,研究直流稳态电路中 R、C 元件的特点.调节电源电压为 5 V,分别测量各元件上的电压、电流值,将相应的读数记录于表 4-14-14 中.

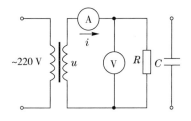

图 4-14-24　交流电路中 R、C 伏安特性测量原理图

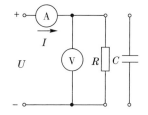

图 4-14-25　直流电路中 R、C 伏安特性测量原理图

表 4-14-14　直流电路中的 R、C 元件

项目	电阻电路			电容电路		结论
待测量	U	I	R	U	I	
单位						
数值						

五、分析和讨论

1. 比较电阻和电容在不同电路中的伏安特性.
2. 用此方法分析电感元件的伏安特性.

设计九　电表的改装

一、实验目的

1. 掌握将表头(扩大量程)改装成电流表、电压表的原理和方法.
2. 学会用替代法测定表头的内阻.

二、实验原理

1. 表头参数和内阻的测定

用于改装的电流计(俗称表头)指针偏转到满刻度时所需要的电流 I_g 称为该表头的灵敏度. I_g 越小,表头的灵敏度就越高. 表头内线圈的电阻 R_g 称为表头的内阻. 将表头进行改装或扩大量程,均需知道表头的两个参量 I_g 和 R_g. I_g 可在表头的面板刻度上获得,而 R_g 需实

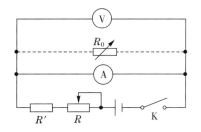

图 4-14-26　替代法测量表头内阻的电路图

验测得.本实验用替代法测量表头的内阻,其测量电路如图 4-14-26 所示.

2.将表头改装(扩大量程)为电流表

将表头改装成电流表的方法是,在表头两端并联一低电阻 R_A,如图 4-14-27 所示.使超过表头承受量的那部分电流从 R_A 流过,由表头和 R_A 组成的整体就是量程为 I_m 的电流表. R_A 称为分流电阻,并联不同大小的 R_A,可以得到不同量程的电流表.

设表头扩大后的量程为 I_m,由欧姆定律可得

$$(I_m - I_g) \cdot R_A = I_g \cdot R_g$$

$$R_A = \frac{I_g}{I_m - I_g} \cdot R_g = \frac{1}{(I_m/I_g) - 1} \cdot R_g$$

$$R_A = \frac{1}{n-1} \cdot R_g$$

可见,将表头的量程扩大 n 倍,只需在表头上并联一个电阻值为 $R_g/(n-1)$ 的分流电阻即可,其中 $n = I_m/I_g$.

3.将表头改装为电压表

表头虽然也可以用来测量电压,但其量程($I_g \cdot R_g$)很小,为了测量较大的电压,可在表头上串联一高阻 R_V,如图 4-14-28 所示.使超过表头的那部分电压降落在电阻 R_V 上,由表头和 R_V 组成的整体就是量程为 U_m 的电压表.串联不同大小的 R_V 可以得到不同量程的电压表.

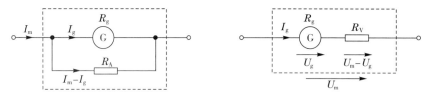

图 4-14-27 将表头改装成电流表的电路图　　图 4-14-28 将表头改装成电压表的电路图

设表头改装后的量程为 U_m,由欧姆定律可得

$$U_m = I_g \cdot (R_g + R_V)$$

$$R_V = \frac{U_m}{I_g} - R_g = \frac{U_m \cdot R_g}{I_g \cdot R_g} - R_g = (n-1) \cdot R_g$$

可见,要将电压量程为 $I_g \cdot R_g$ 的表头改装成量程为 U_m 的电压表,只需在表头上串联一个阻值为 $(n-1) \cdot R_g$ 的分压电阻即可,其中 $n = \dfrac{U_m}{I_g \cdot R_g}$.

4.改装表的校正

电表在扩大量程或改装后需要进行校正.校正的目的是,评定该表在扩大量

程或改装后是否仍符合原电表的准确等级.绘制校准曲线,以便对改装后的电表示值进行修正.

校正电表的方法可使用比较法.电路如图 4—14—29 和图 4—14—30 所示.校正点应选在电表满偏转范围内各个标度值的位置上,确定各校正点的 $\Delta I = I_S - I_X$($\Delta U = U_X - U_S$)值.

注:其中 I_X、U_X 为标度值,I_S、U_S 为标度值对应的真实值.

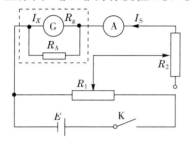 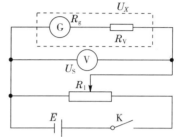

图 4—14—29　比较法校正电表原理图 1　　图 4—14—30　比较法校正电表原理图 2

三、实验设备

序号	名　　称	数量	型号规格
1	直流稳压电源	1 台	0～15 V 可调(自备)
2	改装表头	1 只	100 μA
3	电阻箱	1 只	(自备)
4	数字式万用表	2 只	三位半(有 200 μA 直流量程)(自备)
5	单刀单掷开关	1 只	
6	滑线变阻器	1 只	(自备)
7	可变电阻器	1 只	10 kΩ×1
8	电阻	1 只	10 kΩ×1
9	短接桥和连接导线	若干	P_8—1 和 50148
10	实验用 9 孔插件板	1 块	297 mm×300 mm

四、实验步骤

1. 用替代法测量表头内阻

按图 4—14—26 接线,具体做法如下:

(1)将万用表打到电压挡,合上开关 K,调节 R 使万用表显示较大值处(同时注意表头 G 指针不能超过量程).记录此时万用表显示值_____.

(2)先断开 K,将 G 表位置替换成 R_0,其他不变,合上开关 K,调节 R_0,使万用表表示值不变.此时 R_0 替代了表头内阻 R_g,R_0 为电阻箱,可直接读得表头内阻.记录阻值 R_g = _____.

2.将表头改装成量程为 10 mA 的电流表

(1)计算分流电阻 R_A,用电阻箱作 R_A,按图 4-14-29 接线,R_A = _____.

(2)校正扩大量程表上有标度值的点,应使电流增加和减少各校正一次,并将测得数据记录于表 4-14-15 中.将标准表的两次读数的平均值记为 I_S,计算各校正点的 ΔI 值.

表 4-14-15 数据记录表格

标度值 I_X	20	40	60	80	100
I_{S1}(增大方向)					
I_{S2}(减小方向)					
I_S(均值)					
$\Delta I = I_X - I_S$					

3.将表头改装成量程为 10 V 的电压表

(1)计算分压电阻 R_V,用电阻箱作 R_V,按图 4-14-30 接线,R_V = _____.

(2)校正扩大量程表上有标度值的点,应使电压增加和减少各校正一次,并将测得数据记录于表 4-14-16 中.将标准表的两次读数的平均值记为 U_S,计算各校正点的 ΔU 值.

表 4-14-16 数据记录表格

标度值 U_X	20	40	60	80	100
U_{S1}(增大方向)					
U_{S2}(减小方向)					
U_S(均值)					
$\Delta U = U_X - U_S$					

五、分析和讨论

1.试设计测量内阻的几种方法.

2.设计多量程电流表时,可选用哪些电路?

设计十 电桥法测定电阻

一、实验目的

1. 理解并掌握用电桥法测定电阻的原理和方法.
2. 掌握自搭电桥测定电阻的原理和方法.
3. 学习用交换法消除自搭电桥的系统误差.

二、实验原理

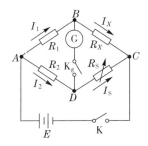

图 4－14－31 自搭电桥测电阻线路 1

1. 工作原理

单臂电桥(又称惠斯通电桥)的基本电路如图 4－14－31 所示,它由 4 个桥臂和"桥"——平衡指示器(一般为检流计)以及工作电源 E 和开关等组成.适当选择 R_1、R_2 的值,调节标准电阻 R_S,使 B、D 两点的电位相等,使检流计指零,此时称电桥达到平衡.电桥平衡时,有

$$I_1 \cdot R_1 = I_2 \cdot R_2, I_X \cdot R_X = I_S \cdot R_S, I_1 = I_X, I_2 = I_S$$

从而可得

$$\frac{R_1}{R_2} = \frac{R_X}{R_S}$$

即

$$R_X = \frac{R_1}{R_2} \cdot R_S = C \cdot R_S (C = R_1/R_2)$$

上式称电桥平衡条件.用直流电桥测量电阻 R_X 的实质就是在电桥平衡条件下,把待测电阻 R_X 按已知比率关系 R_1/R_2 直接与标准电阻进行比较,故电桥法可称为平衡比较法.

2. 交换测量法(互易法)

用交换 R_X 和 R_S 的测量法可消除因 R_1、R_2 引入的误差.为了消除上述原因造成的误差,可在保持 R_1/R_2 比值不变的条件下,将 R_S 和 R_X 交换位置,调节 R_S 为 R'_S,使电桥重新平衡,则 $R_X = \sqrt{R_S \cdot R'_S}$,表明使用交换法可消除由 R_1、R_2 引入的误差.

三、实验设备

序号	名　称	数量	型号规格
1	直流稳压电源	1台	0～15 V 可调(自备)
2	数字式万用表(检流用)	1只	三位半(有 200 μA 直流量程)(自备)
3	数字式万用表	1只	三位半(自备)
4	电阻箱	1只	
5	电阻	3只	200 Ω×1,1 kΩ×1,1MΩ×1
6	滑线变阻器	1只	(自备)
7	单刀单掷开关	1只	
8	短接桥和连接导线	若干	P_8-1 和 50148
9	实验用9孔插件板	1块	297 mm×300 mm

四、实验步骤

1. 用自搭电桥测电阻 R_X. 按图 4-14-32 连线,这是图 4-14-31 的变形,其作用是相同的. 图中 $R_M = 1$ MΩ,作用是保护检流计及便于平衡状态的调节. R_S 为电阻箱,R_X 为待测电阻,R_1 和 R_2 为一滑线变阻器.

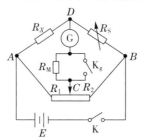

图 4-14-32　自搭电桥测电阻线路 2

用交换法测量 R_X 的电阻值. 测量时用万用表估计待测电阻的大小.

(1) 取电源电压 $E = 5$ V,并预置 R_S 值.

(2) 改变 R_S 值,调节电桥平衡,记录 R_S 值.

(3) 将 R_S 与 R_X 交换,重复上述步骤,再次调节电桥平衡,记录 R'_S 值.

2. 取 $R_X = 200\ \Omega$,重复上述步骤,测量 R_S 值,记录于表 4-14-17 中.

3. 取 $R_X = 1\ k\Omega$,重复上述步骤,测量 R_S 值,记录于表 4-14-17 中.

表 4-14-17 数据记录表格

R_X	R_S	R'_S	$R_X = \sqrt{R_S \cdot R'_S}$
200 Ω			
1 kΩ			

五、分析和讨论

1. 试证明:自搭电桥用交换法测量 R_X 时,$R_X = \sqrt{R_S \cdot R'_S}$,其中 R_S 为电桥第一次平衡时比较臂的值,R'_S 为 R_X 与 R_S 交换位置后电桥第二次平衡时比较臂的值.

2. 如果没有检流计,如何用自搭电桥来测量表头内阻?

设计十一 电路混沌效应

一、实验目的

学习并观察电路混沌效应.

二、实验设备

序号	名称	数量	型号规格
1	双踪示波器	1 台	(自备)
2	交流电源	1 台	0~6 V~12 V~18V 可选
3	整流二极管	4 只	1N4007×4
4	集成运放	1 只	LF353
5	集成块座	1 只	双运放插座
6	电容	4 只	22 nF×1,0.1 μF×1,470 μF/35 V×2
7	电位器	2 只	220 Ω×1,1 kΩ×1
8	电阻	6 只	100 Ω×2,1 kΩ×1,2 kΩ×1,10 kΩ×2
9	线圈	1 只	1000 匝
10	单刀单掷开关	1 只	
11	短接桥和连接导线	若干	P_8-1 和 50148
12	实验用 9 孔插件板	1 块	297 mm×300 mm

三、实验步骤

按图 4－14－33 和图 4－14－34 连接电路，仔细调节 R_7、R_8，用双踪示波器从 CH_1、CH_2 处接入，观察电路混沌效应。

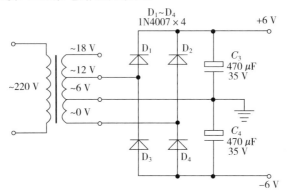

图 4－14－33　自组正负直流电源

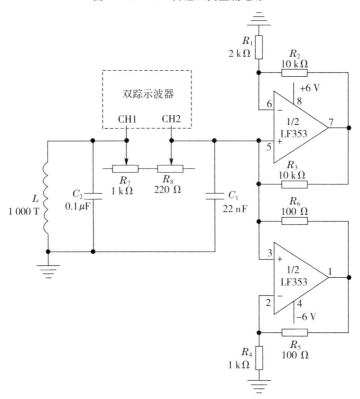

图 4－14－34　混沌效应实验电路图

四、分析和讨论

分析电路混沌效应产生的原因.

实验十五　电源电动势的测量(补偿法)

一、实验目的

1. 掌握补偿法测电动势的原理和方法.
2. 测量干电池的电动势.

二、实验仪器

板式电位差计、检流计、滑线变阻器、标准电池、待测电池、标准电阻(电阻箱)、直流稳压电源等,如图 4－15－1 所示.

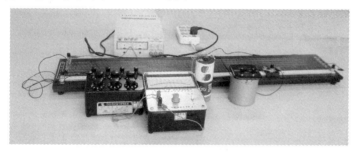

图 4－15－1　电位差计测量电源电动势实物装置

三、实验原理

直流电位差计就是用比较法测量电位差的一种仪器.它的工作原理与电桥测量电阻一样,是电位比较法.其中,板式电位差计的原理直观性较强,有一定的测量精度,便于学习和掌握.本实验讨论的是 11 线板式电位差计,如图 4－15－2 所示. 11 线板式电位差计是由约 11 m 长的漆包锰铜丝从"10"接线端按照 S 形缠绕到 c 端,其中"0"端到 c 端是一段有刻度尺的导线.

如图 4－15－3 所示,若将电压表并联到电池两端,则有电流 I 通过电池内部.由于电池有内电阻 r, $U_r = I \cdot r$,因而电压表的指示值只是电池两端电压 $U = E_x - I \cdot r$ 的大小.因此在电池内部不可避免地存在电位降落 U_r.

显然,只有当 $I=0$ 时,电池两端的电压 V 才等于电动势 E_x.

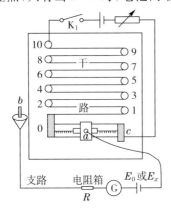

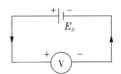

图 4-15-2　11 线板式电位差计　　图 4-15-3　电压表并联到电池两端电路图

怎样才能使电池内部没有电流通过而又能测定电池的电动势 E_x 呢？这就需要采用补偿法. 如图 4-15-2 中,先在 ab 支路接入标准电池 E_0,则 a 为支路的低电位端,b 为支路的高电位端. 由于干路电流是从"10"端流入到 c 端再到干路电源负极的,所以 a 端电位低于 0 到 10 的任意一端电位. 当支路 b 端插入到 0 到 10 中的某一端(如 4 端)时,再使 a 端接触带刻度的电阻丝,这样 $4-a$ 段电阻丝就和支路并联了($4-a$ 段高、低电位端分别与支路高、低电位端连接). 这时轻轻移动活动触头 a 就可以找到使检流计为 0 的一点(即平衡点),所以 $4-a$ 段电势差应当和标准电源 E_0 电势差完全相等. 然后读出 $4-a$ 段的长度 l_0,则单位长度电阻丝的电势差应为

$$E_0/l_0$$

再将 E_0 换成待测电池 E_x,保持工作电流 I 不变,重复上面操作,再一次找到平衡点,读出新的长度 l_x,则单位长度电阻丝的电势差又可表示为

$$E_x/l_x$$

比较上面两式,得

$$E_x = E_0 \frac{l_x}{l_0}$$

即可求得 E_x 的值. 同理,若要测量任意电路两点间的电位差,只需将待测两点接入电路代替 E_x 即可测出.

为了定量地描述因检流计灵敏度限制给测量带来的影响,特引入"电位差计电压灵敏度"这一概念. 其定义为:电位差计平衡时(G 指零)移动 d 点改变单位电压所引起检流计指针偏转的格数,即

$$S = \frac{\Delta n}{\Delta U} \text{（格/伏）}$$

四、实验内容

1. 对照原理图考查板式电位差计实物，了解其结构，弄懂其用法.
2. 测量电池的电动势 E_x.

五、实验步骤

1. 连接干路电源并串联滑动变阻器，将滑动变阻器滑片置于合适位置.
2. 检流计校零. 保护电阻调制最大后连接支路，依次将自由端导线、保护电阻箱、检流计、标准电源及电位差计滑片串联.
3. 导线试触粗调. 将电位差计滑片滑至最小刻度并接通干路电阻丝，再用自由端导线触头从小到大依次接触各条电阻丝，并通过检流计判断电流流向，来逐条增加电阻丝条数. 直到检流计指针发生反偏时，将导线触头插入前一根电阻丝的端点.
4. 滑动电位差计滑片细调. 将该滑片采用点触的方式逐渐增加电阻丝(刻度尺上的电阻丝)长度，直至检流计平衡并读取长度 L_0.
5. 将干路的标准电源更换成待测电源，然后重复步骤 3,4，读取 L_x，第一组的 L_0、L_x 数据即可得出.
6. 将滑动变阻器滑片改变位置，重复步骤 3,4,5，测量出第二组 L_0、L_x，如此反复测出十组数据，代入公式计算 E_x，选择较好的五组填入表格.

六、注意事项

1. 未经教师检查线路不得连标准电池 E_0 的两个极，可以接一个极.
2. 接线时要特别注意 E_0 和 E_x 接入电路的方向，不可接反.
3. 每次测量应把保护电阻 R 调到最大，以保护 G 安全.

七、实验数据记录与处理

标准电池 $E_0 = $ _____ .

次数	1	2	3	4	5
L_0					
L_x					
$E_x = L_x \cdot E_0 / L_0$					

$\overline{E_x} = $ _____ .

八、思考题

1. 用电位差计测量电动势的物理思想是什么？
2. 电位差计能否测量高于工作电源的待测电源电动势？
3. 在测量中如果检流计总是向一侧偏转，其原因可能有哪些？
4. 本实验为什么要用 11 根电阻丝，而不是简单地只用 1 根？

九、附录

标准电池简介

原电池的电动势与电解液的化学成分、浓度、电极的种类等因素有关，因而一般要想把不同电池做到电动势完全一致是困难的．标准电池就是用来当作电动势标准的一种原电池．实验室常见的有干式标准电池和湿式标准电池，湿式标准电池又分为饱和式和非饱和式两种．这里仅简介最常用的饱和式标准电池，亦称"国际标准电池"，它的结构如图 4—15—4 所示．

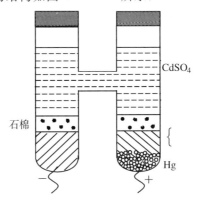

图 4—15—4　饱和式标准电池结构图

1. 标准电池特点

(1) 电动势恒定，使用过程中随时间变化很小．

(2) 电动势因湿度的改变而产生的变化可用下面的经验公式具体地计算．

$$E_t \approx E_{20℃} - 0.00004(t-20) - 0.000001(t-20)^2$$

式中，E_t 表示室温 t ℃时标准电池的电动势值（V）；$E_{20℃}$ 表示室温 20 ℃时标准电池的电动势值（V），此值一般为已知．

(3) 电池的内阻随时间保持相当大的稳定性．

2. 使用标准电池注意事项

(1) 从标准电池取用的电流不得超过 1 μA．因此，不许用一般伏特计（如万用表)测量标准电池电压.使用标准电池的时间要尽可能的短.

(2)绝不能将标准电池当一般电源使用.

(3)不许倒置、横置或激烈震动.

实验十六　亥姆赫兹线圈磁场的测量

一、实验目的

1.掌握电磁感应法测磁场的原理.

2.进一步掌握圆形载流线圈轴线上的磁场分布规律.

3.掌握亥姆赫兹线圈轴线上的磁场分布情况,掌握获得匀强磁场的常用方法.

二、实验仪器

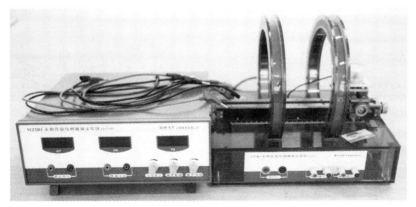

图 4-16-1　DH4501亥姆霍兹线圈架实物装置

DH4501磁场测量仪和 DH4501亥姆霍兹线圈架.

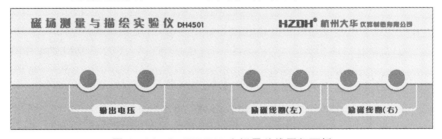

图 4-16-2　DH4501亥姆霍兹线圈架面板

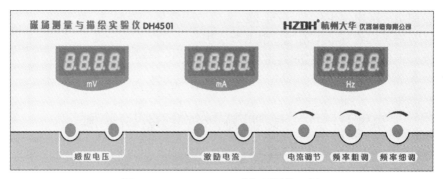

图 4-16-3 DH4501 磁场测量仪面板

两个励磁线圈：线圈有效半径 105 mm，线圈匝数（单个）400 匝，二线圈中心间距 105 mm。

移动装置：横向可移动距离 250 mm，纵向可移动距离 70 mm，距离分辨率 1 mm。

探测线圈：匝数 1000，旋转角度 360°。

三、实验原理

1. 电磁感应法测磁场原理

设由交流信号驱动的线圈产生的交变磁场，它的磁场强度瞬时值

$$B_i = B_m \sin\omega t$$

式中，B_m 为磁感应强度的峰值，其有效值记作 B，ω 为角频率。

又设有一个探测线圈放在这个磁场中（如图 4-16-4），通过这个探测线圈的有效磁通量为

$$\Phi = NSB_m \cos\theta \sin\omega t$$

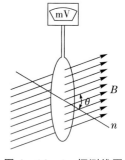

图 4-16-4 探测线圈

式中，N 为探测线圈的匝数，S 为该线圈的截面积，θ 为法线 n 与 B_m 之间的夹角，如图 4-16-4 所示。线圈产生的感应电动势为

$$\varepsilon = -\frac{d\Phi}{dt} = -NS\omega B_m \cos\theta \cos\omega t = -\varepsilon_m \cos\omega t \quad (1)$$

式中，$\varepsilon_m = NS\omega B_m \cos\theta$ 是线圈法线和磁场成 θ 角时，感应电动势的幅值。当 $\theta = 0°$ 时，感应电动势的幅值最大，$\varepsilon_{\max} = NS\omega B_m$（这是与 ω 有关的函数）。如果用数字式毫伏表测量此时线圈的电动势，则毫伏表的示值（有效值）U 为 $\frac{\varepsilon_{\max}}{\sqrt{2}}$，则有

$$B = \frac{B_m}{\sqrt{2}} = \frac{U}{NS\omega} \quad (2)$$

式中，B 为磁感应强度的有效值，B_m 为磁感应强度的峰值。

本器材的探测线圈面积 $S = \frac{13}{108}\pi D^2$，角频率 $\omega = 2\pi f$，f 为励磁线圈交流电的频率. 将上两式代入(2)式得

$$B = \frac{54}{13\pi^2 ND^2 f}U \tag{3}$$

式中，$D=0.012$ m，$N=1000$ 匝. 将不同的频率 f 和 U 代入(6)式就可得出 B 值. 式中 U 为探测线圈感应电动势的有效值(即仪器面板上的"感应电压").

2. 圆形载流线圈磁场

根据大学物理知识可知：一半径为 R，通以电流 I 的圆线圈，轴线上磁感应强度的计算公式为

$$B = \frac{\mu_0 N_0 I R^2}{2(R^2 + X^2)^{3/2}} \tag{4}$$

式中，N_0 为圆线圈的匝数，X 为轴上某一点到圆心 O 的距离. $\mu_0 = 4\pi \times 10^{-7}$ NA^{-2}. 本实验取 $N_0 = 400$ 匝，$R = 105$ mm.

3. 亥姆霍兹线圈

亥姆霍兹线圈是指两个相同圆线圈彼此平行且共轴，通以同方向电流 I，理论计算证明：线圈间距 a 等于线圈半径 R 时，两线圈合磁场在轴上(两线圈圆心连线)附近较大范围内是均匀的，如图 4-16-5 所示. 这种均匀磁场在工程运用和科学实验中应用十分广泛.

设 X 为亥姆霍兹线圈中轴线上某点离中心点 O 处的距离，则亥姆霍兹线圈轴线上该点的磁感应强度为

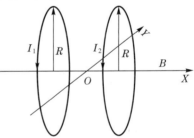

图 4-16-5 亥姆霍兹线圈示意图

$$B' = \frac{1}{2}\mu_0 N_0 I R^2 \left\{ \left[R^2 + \left(\frac{R}{2} + X\right)^2 \right]^{-3/2} + \left[R^2 + \left(\frac{R}{2} - X\right)^2 \right]^{-3/2} \right\} \tag{5}$$

而在亥姆霍兹线圈轴线上中心 O 处，$X=0$，磁感应强度为

$$B'_0 = \frac{\mu_0 N_0 I}{R} \times \frac{8}{5^{3/2}} = 0.7155 \frac{\mu_0 N_0 I}{R}$$

当实验取 $N_0 = 400$ 匝时，$R = 105$ mm. 当 $f = 120$ Hz，$I = 60$ mA(有效值)时，在中心 O 处 $Z=0$，可算得亥姆霍兹线圈(两个线圈的合成)磁感应强度为：$B = 0.206$ mT.

4. 仪器使用方法

(1)准备工作. 仪器使用前，请先开机预热 10 分钟. 这段时间内请使用者熟悉亥姆霍兹线圈架和磁场测量仪上各个接线端子的正确连线方法和仪器的正确操作方法.

(2) 实验仪实验连线如图 4-16-6 或图 4-16-7 所示. 用随仪器带来连线的一头为插头、另一头为分开的带有插片的连接线(分红、黑两种)，将插头插入测量仪的激励电流输出端子，插片的一头接至线圈测试架上的励磁线圈端子(分别可以做圆线圈实验和亥姆霍兹线圈实验)，红接线柱用红线连接，黑接线柱用黑线连接. 将插头插入测量仪的感应电压输入端子，插片的一头接至线圈测试架上的输出电压端子，红接线柱用红线连接，黑接线柱用黑线连接.

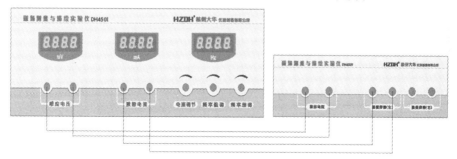

图 4-16-6 圆电流线圈轴线磁场测量接线图

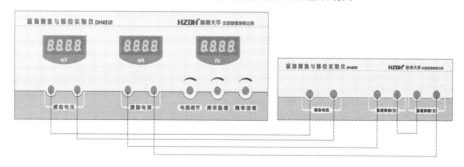

图 4-16-7 亥姆霍兹线圈轴线磁场测量接线图

(3) 移动装置的使用方法. 亥姆霍兹线圈架上有个圆柱形白色塑料盒的装置(探测传感器)，它固定在一长一短的两个可移动支架上. 慢慢转动手轮，移动装置上装的测磁传感器盒随之移动，就可将装有探测线圈的传感器盒移动到指定的位置上(只能在通过中轴的水平轴面上移动). 用手转动传感器盒的有机玻璃罩就可转动探测线圈，改变测量角度.

四、实验内容

1. 测量圆电流线圈轴线上磁场的分布并绘出分布图.
2. 测量亥姆霍兹线圈轴线上磁场的分布并绘出分布图.
*3. 测量亥姆霍兹线圈沿径向的磁场分布并绘出分布图.

五、实验步骤

1. 测量圆电流线圈轴线上磁场的分布并绘出分布图

(1)按图 4—16—6 接线(励磁电流只接入左线圈).调节频率调节电位器,使频率表读数为 120 Hz.调节磁场实验仪的电流调节电位器,使励磁电流有效值为 $I=60$ mA.

(2)调节探测传感器线圈法线方向与圆电流线圈轴线的夹角为 0°(从理论上可知,如果转动探测线圈,当 $\theta=0°$ 和 $\theta=180°$ 时应该得到两个相同的 U 值,但实际测量时,这两个值往往不相等,这时就应该分别测出这两个值,然后取其平均值计算对应点的磁感应强度).

(3)调节探测传感器,使其处于圆电流线圈中心,并以此为坐标原点,向右(X 方向)为正方向,通过旋转右端横向移动手轮在轴线上每隔 10.0 mm 测一个 U 值(该值应是 $\theta=0°$ 和 $\theta=180°$ 时的平均值),测量过程中注意保持励磁电流值不变.

(4)填表计算出理论值和实测值,并绘图比较.

2. 测量亥姆霍兹线圈轴线上磁场的分布并绘出分布图

(1)按图 4—16—7 把磁场实验仪的两个线圈串联起来,接到磁场测试仪的励磁电流两端.调节频率调节电位器,使频率表读数为 120 Hz.调节磁场实验仪的电流调节电位器,使励磁电流有效值为 $I=60$ mA.

(2)调节探测传感器线圈法线方向与圆电流线圈轴线的夹角为 0°.

(3)调节探测传感器,使其处于两个圆线圈中心连线的中点,并以此为坐标原点向右(X 方向)为正方向,通过旋转右端横向移动手轮在轴线上每隔 10.0 mm 测一个 U 值(该值应是 $\theta=0°$ 和 $\theta=180°$ 时的平均值).测量过程中注意保持励磁电流值不变.

(4)填表计算出理论值和实测值,并绘图比较.

*3. **测量亥姆霍兹线圈沿径向的磁场分布并绘出分布图**

步骤(1)、(2)同实验内容 2 中(1)、(2).

(3)调节探测传感器使其处于两个圆线圈中心连线的中点并以此为坐标原点,在轴平面内取沿径向向前(Y 方向)为正方向,通过旋转径向移动手轮在轴线上每隔 10.0 mm 测一个 U 值(该值应是 $\theta=0°$ 和 $\theta=180°$ 时的平均值).测量过程中注意保持励磁电流值不变.

(4)填表计算出理论值和实测值,并绘图比较.

六、实验数据记录与处理

1. 圆电流线圈轴线上磁场分布的测量数据记录

表 4－16－1　数据记录表格

$f=$ _____ Hz

轴向坐标 X(mm)	－110	－100	－90	－80	－70	－60	－50	－40	－30	－20	－10	0	10
U(mV)													
测量值 $B=\dfrac{2.926}{f}U$(mT)													

2. 亥姆霍兹线圈轴线上的磁场分布的测量数据记录

表 4－16－2　数据记录表格

$f=$ _____ Hz

轴向坐标 X(mm)	－110	－100	－90	－80	－70	－60	－50	－40	－30	－20	－10	0
U(mV)												
测量值 $B=\dfrac{2.926}{f}U$(mT)												

轴向坐标 X(mm)	10	20	30	40	50	60	70	80	90	100	110
U(mV)											
测量值 $B=\dfrac{2.926}{f}U$(mT)											

3. 测量亥姆霍兹线圈沿径向的磁场分布

表 4－16－3　数据记录表格

$f=$ _____ Hz

径向坐标 Y(mm)	－25	－20	－15	－10	－5	0	5	10	15	20	25
U(mV)											
测量值 $B=\dfrac{2.926}{f}U$(mT)											

七、思考题

1. 单线圈轴线上磁场的分布规律如何？亥姆霍兹线圈是怎样组成的？其基本条件有哪些？
2. 探测线圈放入磁场后，不同方向上毫伏表指示值不同，哪个方向最大？
3. 分析圆电流磁场分布的理论值与实验值的误差产生的原因.

第五章

光学实验

实验十七 分光计调整与三棱镜顶角的测量

一、实验目的

1. 了解分光计的结构,学习分光计的调节和使用方法.
2. 学会利用分光计测定三棱镜顶角.
3. 学会利用分光计测定三棱镜的折射率.

二、实验仪器

分光计、双面平面反射镜、玻璃三棱镜和钠光灯源.

三、实验原理

1. 三棱镜顶角测量

如图 5-17-1 所示,设要测三棱镜 AB 面和 AC 面所夹的顶角 α,只需求出 φ 即可,则 $\alpha = 180 - \varphi$.

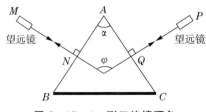

图 5-17-1 测三棱镜顶角

*2. 三棱镜折射率测量

最小偏向角法是测定三棱镜折射率的基本方法之一,如图 5-17-2 所示,

三角形 ABC 表示玻璃三棱镜的横截面,AB 和 AC 是透光的光学表面,又称折射面,其夹角 α 称为三棱镜的顶角;BC 为毛玻璃面,称为三棱镜的底面.假设某一波长的光线 LD 入射到棱镜的 AB 面上,经过两次折射后沿 ER 方向射出,则入射线 LD 与出射线 ER 的夹角 δ 称为偏向角.

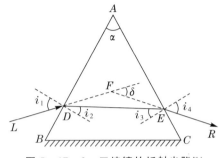

图 5-17-2 三棱镜的折射光路图

由图 5-17-2 中的几何关系,可得偏向角

$$\delta = \angle FDE + \angle FED = (i_1 - i_2) + (i_4 - i_3) \tag{1}$$

因为顶角 α 满足 $\alpha = i_2 + i_3$,则

$$\delta = (i_1 + i_4) - \alpha \tag{2}$$

对于给定的三棱镜,α 是固定的,δ 随 i_1 和 i_4 而变化.其中 i_4 与 i_3、i_2、i_1 依次相关,因此,i_4 实际上是 i_1 的函数,偏向角 δ 也就仅随 i_1 而变化.在实验中可观察到,当 i_1 变化时,偏向角 δ 有一极小值,称为最小偏向角.理论上可以证明,当 $i_1 = i_4$ 时,δ 具有最小值.显然,这时入射光和出射光的方向相对于三棱镜是对称的,如图 5-17-3 所示.

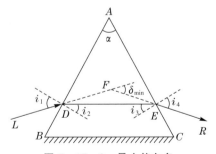

图 5-17-3 最小偏向角

若用 $\delta_{\min}$ 表示最小偏向角,将 $i_1 = i_4$ 代入(2)式,得

$$\delta_{\min} = 2i_1 - \alpha \tag{3}$$

或

$$i_1 = \frac{1}{2}(\delta_{\min} + \alpha) \tag{4}$$

因为 $i_1=i_4$,所以 $i_2=i_3$,又因为 $\alpha=i_2+i_3=2i_2$,则
$$i_2 = \alpha/2 \tag{5}$$

根据折射定律 $\sin i_1 = n\sin i_2$,得
$$n = \frac{\sin i_1}{\sin i_2} \tag{6}$$

将(4)、(5)式代入(6)式,得
$$n = \frac{\sin\dfrac{\delta_{\min}+\alpha}{2}}{\sin\dfrac{\alpha}{2}} \tag{7}$$

由式(7)可知,只要测出入射光线的最小偏向角 $\delta_{\min}$ 及三棱镜的顶角 α,即可求出该三棱镜对该波长入射光的折射率 n.

四、实验内容

1. 测量三棱镜顶角.
*2. 测量三棱镜折射率.

五、实验步骤

1. 分光计的调整
(1)望远镜聚焦平行光,且其光轴与分光计中心轴垂直.
(2)载物台平面与分光计中心轴垂直.

2. 望远镜调节
(1)目镜调焦.目镜调焦的目的是,使眼睛通过目镜能很清楚地看到目镜中分划板上的刻线和叉丝.调焦方法:接通仪器电源,把目镜调焦手轮旋出,然后一边旋进一边从目镜中观察,直到分划板刻线成像清晰,再慢慢地旋出手轮,至目镜中刻线的清晰度将被破坏而未被破坏时为止.旋转目镜装置,使分划板刻线处于水平或垂直位置.

(2)望远镜调焦.望远镜调焦的目的是,将分划板上"十"字叉丝调整到焦平面上,也就是望远镜在无穷远处聚焦.调焦方法:将双面反射镜紧贴望远镜镜筒,从目镜中观察,找到从双面反射镜反射回来的光斑,前后移动目镜装置,对望远镜调焦,使绿"十"字叉丝成像清晰;往复移动目镜装置,使绿"十"字叉丝像与分划板上"十"字刻度线无视差,最后锁紧目镜装置,锁紧螺丝.

3. 调节望远镜光轴垂直于分光计中心轴(各调一半法)
调节如图 5—17—4 所示的载物台调平螺丝 b 和 c 以及望远镜光轴仰角调节螺丝,使分别从双面反射镜的两个面反射的绿"十"字叉丝像皆与分划板上方

的"十"字刻度线重合,如图5—17—5(a)所示.此时望远镜光轴垂直于分光计中心轴.具体调节方法如下:

(1)将双面反射镜放在载物台上,使镜面处于任意两个载物台调平螺丝间连线的中垂面,如图5—17—4所示.

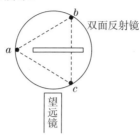

图5—17—4 用平面镜调整分光计

(2)目测粗调.用目测法调节载物台调平螺丝及望远镜、平行光管光轴仰角调节螺丝,使载物台平面及望远镜、平行光管光轴与分光计中心轴大致垂直.由于望远镜视野很小,观察的范围有限,要从望远镜中观察到由双面反射镜反射的光线,首先应保证该反射光线能进入望远镜.因此,应先在望远镜外找到该反射光线.转动载物台,使望远镜光轴与双面反射镜的法线成一小角度,眼睛在望远镜外侧旁观察双面反射镜,找到由双面反射镜反射的绿"十"字叉丝像,并调节望远镜光轴仰角调节螺丝及载物台调平螺丝b和c,使得从双面反射镜的两个镜面反射的绿"十"字叉丝像的位置与望远镜处于同一水平状态.

(3)从望远镜中观察.转动载物台,使双面反射镜反射的光线进入望远镜内.此时在望远镜内出现清晰的绿"十"字叉丝像,但该像一般不在图5—17—5(a)所示的准确位置,而与分划板上方的"十"字刻度线有一定的高度差,如图5—17—5(b)所示.调节望远镜光轴仰角调节螺丝,使高度差h减小一半,如图5—17—5(c)所示;再调节载物台调平螺丝b或c,使高度差全部消除,如图5—17—5(d)所示;再细微旋转载物台,使绿"十"字叉丝像和分划板上方的"十"字刻度线完全重合,如图5—17—5(a)所示.

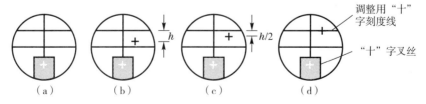

图5—17—5 各调一半法

(4)旋转载物台,使双面反射镜转过 180°,则望远镜中所看到的绿"十"字叉丝像可能又不在准确位置,重复步骤(3)所述的各调一半法,使绿"十"字叉丝像位于望远镜分划板上方的"十"字刻度线的水平横线上.

(5)重复上述步骤(3)和(4),使经双面反射镜两个面反射的绿"十"字叉丝像均位于望远镜分划板上方的"十"字刻度线的水平横线上.

(6)将平面镜在载物台上旋转 90°放置,只调节载物台调平螺丝 a,使双面镜反射的绿"十"字叉丝像与望远镜分划板上方"十"字刻度线的水平横线重合.

至此,望远镜的光轴完全与分光计中心轴垂直,此后望远镜光轴仰角调节螺丝不能再任意调节.

4. 三棱镜顶角的测定

(1)待测件三棱镜的调整. 如图 5—17—6(a)所示,将三棱镜放置于载物台上,转动载物台,调节载物台调平螺丝(此时不能调望远镜),使从棱镜的两个光学面反射的绿"十"字叉丝像均位于分划板上方的"十"字刻度线的水平横线上,达到自准. 此时三棱镜两个光学表面的法线均与分光计中心轴相垂直.

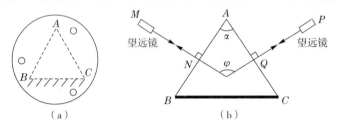

图 5—17—6 三棱镜的调整

(2)自准法测定三棱镜顶角. 将三棱镜置于载物台中央,锁紧望远镜支架与刻度盘连接螺丝及载物台锁紧螺丝,转动望远镜支架,或转动内游标盘,使望远镜对准 AB 面,在自准情况(绿"十"字叉丝像和分划板上方的"十"字刻度线完全重合)下,从两游标读出角度 φ_1 和 φ_1';同理,转动望远镜对准 AC 面,自准时读角度 φ_2 和 φ_2',将结果列入表 5—17—1 中. 由图 5—17—6(b)中的光路和几何关系可知,三棱镜的顶角为

$$\alpha = 180° - \varphi = 180° - \frac{1}{2}(|\varphi_2 - \varphi_1| + |\varphi_2' - \varphi_1'|)$$

*5. 最小偏向角的测定

(1)将三棱镜置于载物台上,使玻璃三棱镜折射面的法线与平行光管轴线的夹角约为 60°.

(2)观察偏向角的变化.用光源照亮狭缝,根据折射定律判断折射光的出射方向.先用眼睛(不在望远镜内)在此方向观察,可看到几条平行的彩色谱线,然后慢慢转动载物台,同时注意谱线的移动情况,观察偏向角的变化.顺着偏向角减小的方向,缓慢转动载物台,使偏向角继续减小,直至看到谱线移至某一位置后将反向移动,这说明偏向角存在一个最小值(逆转点).谱线移动方向发生逆转时的偏向角就是最小偏向角.

(3)用望远镜观察谱线.在细心转动载物台时,要使望远镜一直跟踪谱线,并注意观察某一波长谱线的移动情况(各波长谱线的逆转点不同).在该谱线逆转移动时,拧紧游标盘制动螺丝,调节游标盘微调螺丝,准确找到最小偏向角的位置.

(4)测量最小偏向角位置.转动望远镜支架,使谱线位于分划板中央,旋紧望远镜支架制动螺丝,调节望远镜微调螺丝,使望远镜内的分划板"十"字刻度线的中央竖线对准该谱线中央,从游标 1 和游标 2 读出该谱线折射光线的角度 θ 和 θ'.

(5)测定入射光方向.移去三棱镜,松开望远镜制动螺丝,移动望远镜支架,将望远镜对准平行光管,微调望远镜,将狭缝像准确地定位于分划板的中央竖直刻度线上,从两游标上分别读出入射光线的角度 θ_0 和 θ'_0,将结果列入表 5-17-2 中.

(6)按 $\delta_{\min} = \frac{1}{2}[(\theta-\theta_0)+(\theta'-\theta'_0)]$ 计算最小偏向角 $\delta_{\min}$(取绝对值).

*6.三棱镜折射率的测定

由上面测得的三棱镜顶角 α 及最小偏向角 $\delta_{\min}$,根据公式 $n = \dfrac{\sin\dfrac{\overline{\delta}_{\min}+\overline{\alpha}}{2}}{\sin\dfrac{\overline{\alpha}}{2}}$ 计算出三棱镜折射率.

五、实验数据记录与处理

表 5-17-1 自准法(或反射法)测顶角数据表

次数	游标 1		游标 2		$\alpha=180°-\dfrac{1}{2}(\lvert\varphi_2-\varphi_1\rvert+\lvert\varphi'_2-\varphi'_1\rvert)$	$\overline{\alpha}$
	φ_1	φ_2	φ'_1	φ'_2		
1						
2						
3						

* 表 5－17－2　测量最小偏向角 $\delta_{\min}$

钠光波长(Å)	次数	游标 1		游标 2		$\delta_{\min}$	$\overline{\delta}_{\min}$
		θ	θ_0	θ'	θ'_0		
5893	1						
	2						
	3						

$$n = \frac{\sin\dfrac{\overline{\delta}_{\min}+\overline{\alpha}}{2}}{\sin\dfrac{\overline{\alpha}}{2}} = \underline{\qquad}.$$

六、附录

1. 仪器介绍

分光计是一种测量角度的精密仪器,如图 5－17－7 所示.其基本原理是,让光线通过狭缝和聚焦透镜形成一束平行光线,经过光学元件的反射或折射后进入望远镜物镜并成像在望远镜的焦平面上,通过目镜观察和测量各种光线的偏转角度,从而得到光学参量,如折射率、波长、色散率、衍射角等.

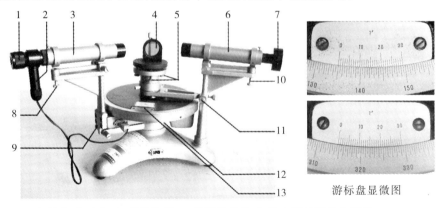

1.目镜；2.小灯；3.望远镜筒；4.平行平面镜；5.平台倾斜度调节螺丝；
6.平行光管；7.狭缝装置；8.望远镜倾斜度调节螺丝；9.望远镜微调螺丝；
10.平行光管微调螺丝；11.度盘微调螺丝；12.望远镜锁进螺丝；13.游标盘

图 5－17－7　分光计实物图

如图 5－17－8 所示,分光计主要由 5 个部件组成：三角底座、平行光管、望远镜、刻度圆盘和载物台.图 5-17-8 中各调节装置的名称及作用见表 5-15-3.

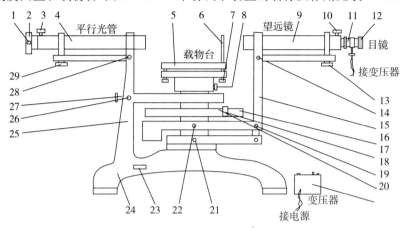

图 5-17-8　分光计结构示意图

表 5-17-3　分光计各调节装置的名称和作用

代号	名　称	作　用
1	狭缝宽度调节螺丝	调节狭缝宽度,改变入射光宽度
2	狭缝装置	
3	狭缝装置锁紧螺丝	松开时,前后拉动狭缝装置,调节平行光.调好后锁紧,用来固定狭缝装置
4	平行光管	产生平行光
5	载物台	放置光学元件,台面下方装有 3 个细牙螺丝 7,用来调整台面的倾斜度.松开螺丝 8 可升降、转动载物台
6	夹持待测物簧片	夹持载物台上的光学元件
7	载物台调节螺丝(3 只)	调节载物台台面水平
8	载物台锁紧螺丝	松开时,载物台可单独转动和升降;锁紧后,可使载物台与读数游标盘同步转动
9	望远镜	观测经光学元件作用后的光线
10	目镜装置锁紧螺丝	松开时,目镜装置可伸缩和转动(望远镜调焦);锁紧后,固定目镜装置
11	阿贝式自准目镜装置	可伸缩和转动(望远镜调焦)

续表

代号	名称	作用
12	目镜调焦手轮	调节目镜焦距,使分划板、叉丝清晰
13	望远镜光轴仰角调节螺丝	调节望远镜的俯仰角度
14	望远镜光轴水平调节螺丝	调节该螺丝,可使望远镜在水平面内转动
15	望远镜支架	
16	游标盘	盘上对称设置两游标
17	游标	分成30小格,每一小格对应角度1′
18	望远镜微调螺丝	该螺丝位于图5-17-8的反面.锁紧望远镜支架制动螺丝21后,调节螺丝18,使望远镜支架做小幅度转动
19	度盘	分为360°,最小刻度为半度(30′),小于半度则利用游标读数
20	目镜照明电源	打开该电源20,从目镜中可看到一绿斑及黑"十"字
21	望远镜支架制动螺丝	该螺丝位于图5-17-8的反面.锁紧后,只能用望远镜微调螺丝18使望远镜支架做小幅度转动
22	望远镜支架与刻度盘锁紧螺丝	锁紧后,望远镜与刻度盘同步转动
23	分光计电源插座	
24	分光计三角底座	它是整个分光计的底座.底座中心有沿铅直方向的转轴套,望远镜部件整体、刻度圆盘和游标盘可分别独立绕该中心轴转动.平行光管固定在三角底座的一只脚上
25	平行光管支架	
26	游标盘微调螺丝	锁紧游标盘制动螺丝27后,调节螺丝26可使游标盘做小幅度转动
27	游标盘制动螺丝	锁紧后,只能用游标盘微调螺丝26使游标盘做小幅度转动
28	平行光管光轴水平调节螺丝	调节该螺丝,可使平行光管在水平面内转动
29	平行光管光轴仰角调节螺丝	调节平行光管的俯仰角

2.分光计主要部件简介

(1)平行光管.如图5-17-9所示,平行光管的作用是产生平行光.在其圆柱形筒的一端装有一个可伸缩的套筒,套筒末端有一狭缝,筒的另一端装有消色差透镜组.伸缩狭缝装置,使其恰好位于透镜的焦平面上时,平行光管就发射平行光.可通过调节平行光管光轴水平调整螺丝28和平行光管光轴仰角调节螺丝29改变平行光管光轴的方向,通过调节狭缝宽度调节螺丝1改变狭缝宽度,改变入射光束宽度.

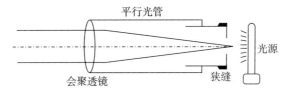

图 5－17－9　平行光管内部结构示意图

(2)望远镜.望远镜用于观察及定位待测光线,它是由物镜、自准目镜和测量用"十"字刻度线所组成的一个圆筒.本实验所使用的分光计带有阿贝式自准目镜,其结构如图 5－17－10 所示.照明小灯泡的光自筒侧进入,经小三棱镜反射后照亮分划板上的下半部"十"字刻度线."十"字刻度线方向、目镜及物镜间的距离皆可调节.当叉丝位于物镜焦平面上时,叉丝发出的光经物镜后成为平行光.该平行光经双面反射镜反射后,再经物镜聚焦在分划板平面上,形成"十"字叉丝的像(绿色).望远镜调好后,从目镜中可同时看清"十"字刻度线和叉丝的"十"字像,且两者间无视差.另外,可通过调节望远镜光轴仰角调节螺丝13和望远镜光轴水平调节螺丝14改变望远镜光轴的方向.

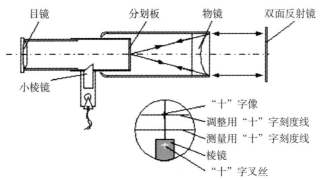

图 5－17－10　分光计上望远镜的结构

(3)刻度圆盘.分光计出厂时,已经将刻度盘平面调到与仪器转轴垂直并加以固定.刻度圆盘被分成360°,最小分度值是半度(30′).小于半度的数值可在游标上读出,两个游标在黑色内盘边缘对径方向,游标分成30小格.游标盘一般与载物台固连,可绕仪器转轴转动,有螺钉用于止动游标盘.

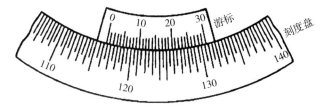

图 5－17－11 刻度圆盘

刻度圆盘读数方法与游标卡尺的读数方法相似,如图 5－17－11 所示读数为 116.12.为了消除刻度盘与分光计中心轴线之间的偏心差,在刻度盘同一直径的两端各装有一个游标.测量时,两个游标都应读数,然后算出每个游标两次读数的差,再取平均值.这个平均值可作为望远镜(或载物台)转过的角度,并且消除了偏心差.

例如,望远镜(或载物台)由位置Ⅰ(游标 1 读数为 φ_1、游标 2 读数为 φ'_1)转到位置Ⅱ(游标 1 读数为 φ_2、游标 2 读数为 φ'_2)时(此时应锁紧望远镜支架与刻度盘连接螺丝 22),则望远镜(或载物台)转过的角度为

$$\varphi = \frac{1}{2}(|\varphi_2 - \varphi_1| + |\varphi'_2 - \varphi'_1|)$$

另外,在计算望远镜转过的角度时,要注意游标是否经过了刻度盘的零点.例如,当望远镜(或载物台)由位置Ⅰ转到位置Ⅱ时,对应的游标读数分别为 $\varphi_1 = 175°45'$、$\varphi'_1 = 355°45'$、$\varphi_2 = 295°43'$、$\varphi'_2 = 115°43'$,游标 1 未跨过零点,望远镜转过的角度 $\varphi = \varphi_2 - \varphi_1 = 119°58'$;游标 2 跨过了零点,这时望远镜转过的角度应按下式计算:$\varphi = (360° + \varphi'_2) - \varphi'_1 = 119°58'$.如果从游标读出的角度 $\varphi_2 < \varphi_1$、$\varphi'_2 < \varphi'_1$,而游标又未经过零点,则计算结果应取绝对值.

实验十八 迈克尔逊干涉

一、实验目的

1. 了解迈克尔逊干涉仪的光学结构及干涉原理,学习其调节和使用方法.
2. 学习一种测定单色光波长的方法,加深对等倾干涉的理解.
3. 用逐差法处理实验数据.

二、实验仪器

迈克尔逊干涉仪、He－Ne 激光器、扩束镜等.

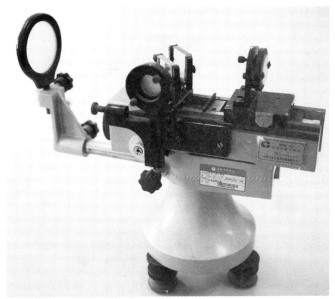

图 5－18－1　迈克尔逊干涉仪实物装置

三、实验原理

迈克尔逊曾用迈克尔逊干涉仪做了三个闻名于世的实验：迈克尔逊－莫雷以太漂移、推断光谱精细结构以及用光波长标定标准米尺. 迈克尔逊在精密仪器以及用这些仪器进行的光谱学和计量学方面的研究工作上做出了重大贡献，为此荣获了 1907 年诺贝尔物理学奖. 迈克尔逊干涉仪设计精巧、用途广泛，是许多现代干涉仪的原型，它不仅可以用于精密测量长度，还可以应用于测量介质的折射率，测定光谱的精细结构等. 迈克尔逊干涉仪装置的特点是光源、反射镜、接收器（观察者）各处一方，分得很开，可以根据需要在光路中很方便地插入其他器件.

迈克尔逊干涉仪是 1883 年美国物理学家迈克尔逊（A. A. Michelson）和莫雷（E. W. Morley）合作，为研究以太漂移实验而设计制造出来的精密光学仪器. 用它可以高度准确地测定微小长度、光的波长、透明体的折射率等. 后人利用该仪器的原理，研究出了多种专用干涉仪，这些干涉仪在近代物理和近代计量技术中被广泛应用.

1. 迈克尔逊干涉仪的光学结构

迈克尔逊干涉仪的光路如图 5－18－2 所示. M_1 和 M_2 是两块表面镀铬加氧

化硅保护膜的反射镜.M_1是固定在仪器上的,称为固定反射镜;M_2装在可由导轨前后移动的拖板上,称为移动反射镜.G_1和G_2是两块几何形状、物理性能相同的平行平面玻璃,与M_1、M_2均成$45°$角.其中G_1的第二面镀有半透明铬膜,称其为分光板,它可使入射光分成振幅(即光强)近似相等的一束透射光和一束反射光.当光照到G_1上时,在半透膜上分成相互垂直的两束光,透射光(1)射到M_1,经M_1反射后,透过G_2,在G_1的半透膜上反射后射向E;反射光(2)射到M_2,经M_2反射后,透过

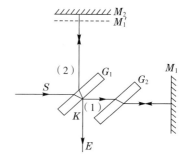

图 5－18－2　迈克尔逊干涉仪光路图

G_1射向E.由于光线(2)前后共通过G_1三次,而光线(1)只通过G_1一次,因此,为了使两束光线通过玻璃板的次数相同,在光线(1)的路径上设置了与G_1尺寸相同的G_2,这样就可以使光线(1)也三次通过玻璃板,光线(1)、(2)在玻璃中的光程相等.于是计算这两束光的光程差时,只需计算两束光在空气中的光程差就可以了,所以G_2起补偿光程的作用,称为补偿板.当观察者从E处向G_1看去时,除直接看到M_2外,还看到M_1的像M_1'.于是(1)、(2)两束光如同从M_2与M_1'反射来的,因此,迈克尔逊干涉仪中所产生的干涉与$M_1' \sim M_2$间"形成"的空气薄膜的干涉等效.

迈克尔逊干涉仪的主体结构如图5－18－3所示,由下面六部分构成.

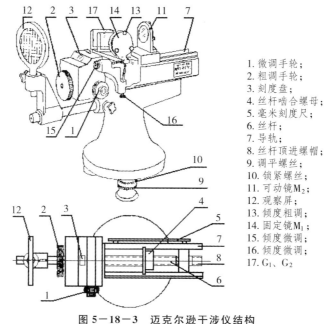

1. 微调手轮;
2. 粗调手轮;
3. 刻度盘;
4. 丝杆啮合螺母;
5. 毫米刻度尺;
6. 丝杆;
7. 导轨;
8. 丝杆顶进螺帽;
9. 调平螺丝;
10. 锁紧螺丝;
11. 可动镜M_2;
12. 观察屏;
13. 倾度粗调;
14. 固定镜M_1;
15. 倾度微调;
16. 倾度微调;
17. G_1、G_2

图 5－18－3　迈克尔逊干涉仪结构

(1) 底座. 底座由生铁铸成, 较重, 可确保仪器的稳定性. 底座由 3 个调平螺丝 9 支撑, 调平后可以拧紧锁紧圈 10, 以保持座架稳定.

(2) 导轨. 导轨 7 由两根平行的长约 280 mm 的框架和精密丝杆 6 组成, 被固定在底座上, 精密丝杆穿过框架正中, 丝杆螺距为 1 mm.

(3) 拖板部分. 拖板是一块平板, 反面做成与导轨吻合的凹槽, 装在导轨上, 下方是精密螺母, 丝杆穿过螺母, 当丝杆旋转时, 拖板能前后移动, 带动固定在其上的可动镜 11 (即 M_2) 在导轨面上滑动, 实现粗动. M_2 是一块很精密的平面镜, 表面镀有金属膜, 具有较高的反射率, 垂直地固定在拖板上, 它的法线严格地与丝杆平行. 倾角可分别用镜背后面的三颗倾度粗调螺丝 13 来调节, 各螺丝的调节范围是有限度的, 如果螺丝向后顶得过松, 在移动时可能因震动而使镜面有倾角变化, 如果螺丝向前顶得太紧, 致使条纹不规则, 严重时, 有可能使螺丝口打滑或平面镜破损.

(4) 定镜部分. 固定镜 M_1 是与 M_2 相同的一块平面镜, 固定在导轨框架右侧的支架上. 通过调节其上的倾度微调螺钉 15 使 M_1 在水平方向转过一微小的角度, 能够使干涉条纹在水平方向微动; 通过调节其上的倾度微调螺钉 16 使 M_1 在垂直方向转过一微小的角度, 能够使干涉条纹上下微动; 与三颗倾度粗调螺丝 13 相比, 15、16 改变 M_2 的镜面方位小得多. 定镜部分还包括分光板 G_1 和补偿板 G_2.

(5) 读数系统和转动部分.

① 动镜 11 (即 M_2) 的移动距离毫米数可在机体侧面的毫米刻尺 5 上直接读得.

② 粗调手轮 2 旋转一周, 拖板移动 1 mm, 即 M_2 移动 1 mm, 同时, 读数窗口 3 内的鼓轮也转动一周, 鼓轮的一圈被等分为 100 格, 每格为 0.01 mm, 读数由窗口上的基准线指示.

③ 微调手轮 1 每转过一周, 拖板移动 0.01 mm, 可从读数窗口 3 中看到读数鼓轮移动一格, 而微调鼓轮的周线被等分为 100 格, 则每格表示为 0.0001 mm. 所以, 最后读数应为上述三者之和, 如图 5-18-4 所示.

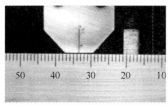
主尺

粗动手轮读数窗口

微动手轮

最后读数为: 33.522246 mm

图 5-18-4 迈克尔逊干涉仪的读数

(6)附件.支架杆17是用来放置像屏18用的,由加紧螺丝12固定.

2. 单色点光源的非定域干涉

本实验用 He—Ne 激光器作为光源(见图 5—18—5),激光通过扩束镜 L 汇聚成一个强度很高的点光源 S,射向迈克尔逊干涉仪,点光源经过平面镜 M_1、M_2 反射后,相当于由两个点光源 S_1' 和 S_2' 发出的相干光束.S' 是 S 的等效光源,是经半反射面所成的虚像.S_1' 是 S' 经 M_1' 所成的虚像.S_2' 是 S' 经 M_2 所成的虚像.由图 5—18—5 可知,只要观察屏放在两点光源发出光波的重叠区域内,都能看到干涉现象,故这种干涉称为非定域干涉.如果 M_2 与 M_1' 严格平行,且把观察屏放在垂直于 S_1' 和 S_2' 的连线上,就能看到一组明暗相间的同心圆干涉环,其圆心位于 $S_1'S_2'$ 轴线与屏的交点 P_0 处,从图 5—18—6 可以看出 P_0 处的光程差 $\Delta = 2d$,屏上其他任意点 P' 或 P'' 的光程差近似为

$$\Delta = 2d\cos\varphi \tag{1}$$

式中 φ 为 S_2' 射到 P'' 点的光线与 M_2 法线之间的夹角.当 $2d \cdot \cos\varphi = k\lambda$ 时,为明纹;当 $2d \cdot \cos\varphi = (2k+1)\lambda/2$ 时,为暗纹.

由图 5—18—6 可以看出,以 P_0 为圆心的圆环是从虚光源发出的倾角相同的光线干涉的结果,因此,称为"等倾干涉条纹".

由(1)式可知,当 $\varphi = 0$ 时光程差最大,即圆心 P_0 处干涉环级次最高,越向边缘级次越低.

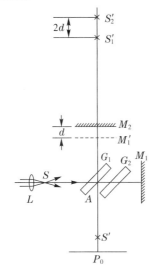
图 5—18—5 点光源干涉光路图

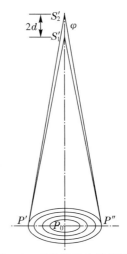
图 5—18—6 点光源产生等倾干涉条纹

当 d 增加时,干涉环中心级次将增高,条纹沿半径向外移动,即可看到干涉环从中心"冒"出;反之,当 d 减小,干涉环向中心"缩"进去.

由明纹条件可知,当干涉环中心为明纹时,$\Delta = 2d = k\lambda$. 此时若移动 M_2(改变 d),环心处条纹的级次相应改变,当 d 每改变 $\lambda/2$ 距离,环心就冒出或缩进一条环纹.若 M_2 移动距离为 Δd,相应冒出或缩进的干涉环条纹数为 N,则有

$$\Delta d = N \frac{\lambda}{2}$$

$$\lambda = \frac{2\Delta d}{N} \tag{5}$$

式中 Δd 为 M_2 移动前后的位置读数差.实验中只要测出 Δd 和 N,即可由(2)式求出波长.

当 M_2 与 M_1' 相交且交角很小时,若用白光作光源,则可看到彩色的条纹.若是等厚干涉,则中央是一条白色条纹,两侧有若干彩色条纹.中央条纹对应于 $d = 0$.

四、实验内容

测量入射光波的波长.

五、实验步骤

1. 将迈克尔逊干涉仪底座调节水平.接通电源,打开氦氖激光器预热几分钟后,使激光束经过分光板 G_1 中心、补偿板 G_2 中心透射到反射镜 M_1 中心上.然后调节 M_1 后面三个螺丝,使光点反射像返回到光阑上并与小孔重合.再调从 G_1 后表面反射到 M_2 的光束,调节 M_2 后面三个螺丝,使其反射光到达 G_1 后表面时恰好与 M_1 的反射光相遇(两光点完全重合),同时,两反射光在光阑的小孔处也完全重合.这样 M_1 和 M_2 就基本上垂直,即 M_2 与 M_1' 互相平行了.竖起毛玻璃屏,在屏上就可看到非定域的圆条纹.

2. 旋转粗动手轮,使 M_2 移动,观察条纹的变化,从条纹的"冒"或"缩"来判断 d 的变化,并观察 d 的取值与条纹粗细、疏密的关系.

3. 当视场中出现清晰的、对比度较好的干涉圆环时,再慢慢地转动微动手轮,可观察到视场中心条纹向外一个一个地冒出(或者向内缩进中心).开始记数时,记录 M_2 镜的位置 d_1,继续转动微动手轮,数到条纹从中心向外冒出(或向内缩进)50 个时,记下此时 M_2 位置 d_2.继续转动微动手轮,每冒出(或缩进)50 个条纹记录一次读数,连续取 10 个数据,应用逐差法加以处理,利用(2)式即可算出 λ.

六、实验数据记录与处理

i	圈数 N	位置 d_i	$\Delta d_i = |d_{i+5} - d_i|$	$\lambda_i = 2\dfrac{\Delta d_i}{\Delta N}, (\Delta N = 250)$
1				
2				
3				
4				
5				
6				
7				
8				$\bar{\lambda} = $ _____
9				
10				

七、注意事项

1. 迈克尔逊干涉仪是一种精密的光学仪器,在使用时要十分细致、耐心,不要损坏仪器.在使用各调节螺丝时动作要轻缓,不可拧得过紧.手不要触摸光学镜面.

2. 要在条纹出现均匀的"冒"出或"缩"进现象后,记录 M_2 镜的初始位置 d_1.

3. 不要漏读或多读"冒"出或"缩"进的条纹数.

4. 迈克尔逊干涉仪的微调鼓轮只能往一个方向转动.

八、思考题

1. 在迈克尔逊干涉仪中是利用什么方法产生两束相干光的?

2. 为什么 M_2 朝着光程差减小的方向移动时,中心条纹是一条一条地向里陷进去的?

3. 当反射镜 M_1 和 M_2 不严格垂直时,在屏上观察到的干涉条纹分布具有什么特点?

第六章

近代物理实验

实验十九 密立根油滴

一、实验目的

1. 验证电荷的不连续性以及测量基本电荷电量.
2. 了解 CCD 传感器、光学系统成像原理及视频信号处理技术的工程应用.

二、实验仪器

密立根油滴仪和监视器,如图 6-19-1 所示.

图 6-19-1 密立根油滴仪实物图

三、实验原理

著名的美国物理学家密立根(Robert A. Millikan)在 1909 年到 1917 年间所

做的测量微小油滴上所带电荷的工作,即油滴实验,是物理学发展史上具有重要意义的实验.这一实验的设计思想简明巧妙、方法简单,而结论却具有不容置疑的说服力,因此这一实验堪称物理实验的精华和典范.密立根在这一实验工作上花费了近10年的心血,从而取得了具有重大意义的结果,那就是:①证明了电荷的不连续性;②测量并得到了元电荷即电子电荷,其值为 $1.60×10^{-19}$ C. 现公认 e 是元电荷,对其值的测量精度不断提高,目前给出最好的结果为

$$e = (1.602\ 177\ 33 \pm 0.000\ 000\ 49) \times 10^{-19} \text{ C}$$

正是由于这一实验的巨大成就,他荣获了1923年的诺贝尔物理学奖.

多年来,物理学发生了根本的变化,而这个实验又重新站到实验物理的前列.近年来根据这一实验的设计思想改进的用磁漂浮的方法测量分数电荷的实验,使古老的实验又焕发了青春,也就更说明了密立根油滴实验是富有巨大生命力的实验.

密立根油滴实验测定电子电荷的基本设计思想是使带电油滴在测量范围内处于受力平衡状态.按运动方式分类,油滴法测电子电荷分为平衡测量法和动态测量法两种.

1. 平衡法

考虑重力场中一个足够小油滴的运动,设此油滴半径为 r,质量为 m_1,空气是黏滞流体,故此运动油滴除重力和浮力外还受黏滞阻力的作用.由斯托克斯定律可知,黏滞阻力与物体运动速度成正比.设油滴以速度 v_f 匀速下落,则有

$$m_1 g - m_2 g = K v_f \tag{1}$$

式中,m_2 为与油滴同体积的空气质量,K 为比例系数,g 为重力加速度.油滴在空气及重力场中的受力情况如图6-19-2所示.

图6-19-2 在重力场中油滴受力示意图　　图6-19-3 在电场中油滴受力示意图

若此油滴带电荷为 q,并处在场强为 E 的均匀电场中,设电场力 qE 方向与重力方向相反,且静止,如图6-19-3所示,则有

$$qE = (m_1 - m_2)g \tag{2}$$

第六章 近代物理实验

所以有
$$q = \frac{(m_1 - m_2)g}{E} \tag{3}$$

设油滴、空气密度分别为 ρ_1、ρ_2，有
$$m_1 g - m_2 g = \frac{4}{3}\pi r^3 (\rho_1 - \rho_2) g \tag{4}$$

由斯托克斯定律可知，黏滞流体对球形运动物体的阻力与物体速度成正比，其比例系数 K 为 $6\pi \eta r$，此处 η 为黏度，r 为物体半径. 于是可将(4)式代入(1)式，有
$$v_f = \frac{2gr^2(\rho_1 - \rho_2)}{9\eta} \tag{5}$$

因此
$$r = \left[\frac{9\eta v_f}{2g(\rho_1 - \rho_2)}\right]^{\frac{1}{2}} \tag{6}$$

将(6)式代入(4)式再代入(3)式，得
$$q = 9\sqrt{2}\pi \left[\frac{\eta^3}{(\rho_1 - \rho_2)g}\right]^{\frac{1}{2}} \frac{1}{E} v_f^{\frac{3}{2}} \tag{7}$$

因此，如果测出 v_f 和 E 等宏观量，即可得到 q 值. 其中 η、ρ_1、ρ_2 为常量.

但考虑到油滴的直径与空气分子的间隙相当，空气已不能看成连续介质，故其黏度 η 需做相应的修正 $\eta' = \dfrac{\eta}{1 + \dfrac{b}{pr}}$，此处 p 为空气压强，b 为修正常数，$b = 0.00823 \text{ N/m}(6.17 \times 10^{-6} \text{ m} \cdot \text{cmHg})$，因此(5)式中 η 需要修正，于是(5)式应写成
$$v_f = \frac{2gr^2}{9\eta}(\rho_1 - \rho_2)\left(1 + \frac{b}{pr}\right) \tag{8}$$

(6)式中 η 也需要修正，于是(6)式应写成
$$r = \left[\frac{9\eta v_f}{2g\left(1 + \dfrac{b}{pr}\right)(\rho_1 - \rho_2)}\right]^{\frac{1}{2}} \tag{9}$$

(7)式中的 η 也需要做修正，于是(7)式应写成
$$q = 9\sqrt{2}\pi \left[\frac{\eta^3}{(\rho_1 - \rho_2)g}\right]^{\frac{1}{2}} \frac{1}{E} v_f^{\frac{3}{2}} \left[\frac{1}{1 + \dfrac{b}{pr}}\right]^{\frac{3}{2}} \tag{10}$$

上式中的 r 由(9)式给出. 又考虑到油滴可近似地认为匀速下落，所以 $v_f = \dfrac{s}{t_f}$，

且极板是平行的,所以
$$E = \frac{U}{d} (U \text{ 是加在两极板间的电势差})$$
于是(10)式又可写成
$$q = 9\sqrt{2}\pi d \left[\frac{(\eta s)^3}{(\rho_1 - \rho_2)g}\right]^{\frac{1}{2}} \frac{1}{U} \left(\frac{1}{t_f}\right)^{\frac{3}{2}} \left[\frac{1}{1+\frac{b}{pr}}\right]^{\frac{3}{2}} \quad (11)$$

式中有些量与实验仪器以及实验条件有关,选定之后在实验过程中不变,如 d、s、$(\rho_1 - \rho_2)$ 及 η 等. 设常数 $C = 9\sqrt{2}\pi d \left[\frac{(\eta s)^3}{(\rho_1 - \rho_2)g}\right]^{\frac{1}{2}}$,可称为仪器常数,于是(11)式简化成

$$q = C \frac{1}{U} \left(\frac{1}{t_f}\right)^{\frac{3}{2}} \left[\frac{1}{1+\frac{b}{pr}}\right]^{\frac{3}{2}} \quad (12)$$

所以实验中只要测量下落时间 t_f 及极板间电压 U,即可求出电荷 q 大小.

*2. 动态法

考虑重力场中一个足够小油滴的运动,设此油滴半径为 r,质量为 m_1,空气是黏滞流体,故此运动油滴除重力和浮力外还受黏滞阻力的作用. 由斯托克斯定律可知,黏滞阻力与物体运动速度成正比. 设油滴以速度 v_f 匀速下落,则有

$$m_1 g - m_2 g = K v_f \quad (13)$$

式中,m_2 为与油滴同体积的空气质量,K 为比例系数,g 为重力加速度. 油滴在空气及重力场中的受力情况如图 6-19-4 所示.

图 6-19-4 重力场中油滴受力示意图　图 6-19-5 电场中油滴受力示意图

若此油滴带电荷为 q,并处在场强为 E 的均匀电场中,设电场力 qE 方向与重力方向相反,如图 6-19-5 所示,如果油滴以速度 v_r 匀速上升,则有

$$qE = (m_1 - m_2)g + Kv_r \quad (14)$$

由(13)和(14)式消去 K,可解出 q 为

$$q = \frac{(m_1 - m_2)g}{Ev_f}(v_f + v_r) \quad (15)$$

由(15)式可以看出，要测量油滴携带的电荷 q，需要分别测量出 m_1、m_2、E、v_f、v_r 等物理量.

由于喷雾器喷出的小油滴的半径 r 是微米数量级，直接测量其质量 m_1 很困难，为此希望消去 m_1，而以容易测量的量代之. 设油与空气的密度分别为 ρ_1、ρ_2，于是半径为 r 的油滴的视重为

$$m_1 g - m_2 g = \frac{4}{3}\pi r^3 (\rho_1 - \rho_2) g \tag{16}$$

由斯托克斯定律可知，黏滞流体对球形运动物体的阻力与物体速度成正比，其比例系数 K 为 $6\pi\eta r$，此处 η 为黏度，r 为物体半径. 于是可将(16)式代入(13)式，有

$$v_f = \frac{2gr^2}{9\eta}(\rho_1 - \rho_2) \tag{17}$$

因此

$$r = \left[\frac{9\eta v_f}{2g(\rho_1 - \rho_2)}\right]^{\frac{1}{2}} \tag{18}$$

以(18)和(16)式代入(15)式并整理得到

$$q = 9\sqrt{2}\pi \left[\frac{\eta^3}{(\rho_1 - \rho_2)g}\right]^{\frac{1}{2}} \frac{1}{E}\left(1 + \frac{v_r}{v_f}\right) v_f^{\frac{3}{2}} \tag{19}$$

因此，如果测量出 v_r、v_f 和 η、ρ_1、ρ_2、E 等宏观量，即可得到 q 值.

考虑到油滴的直径与空气分子的间隙相当，空气已不能看成连续介质，其黏度 η 需作相应的修正 $\eta' = \dfrac{\eta}{1 + \dfrac{b}{pr}}$，此处 p 为空气压强，b 为修正常数，$b = 0.00823$ N/m(6.17×10^{-6} m·cmHg)，因此

$$v_f = \frac{2gr^2}{9\eta}(\rho_1 - \rho_2)\left(1 + \frac{b}{pr}\right) \tag{20}$$

当精度要求不是太高时，常采用近似计算方法先将 v_f 值代入(18)式，得

$$r_0 = \left[\frac{9\eta v_f}{2g(\rho_1 - \rho_2)}\right]^{\frac{1}{2}} \tag{21}$$

再将 r_0 值代入 η' 中，并代入(19)式，得

$$q = 9\sqrt{2}\pi \left[\frac{\eta^3}{(\rho_1 - \rho_2)g}\right]^{\frac{1}{2}} \frac{1}{E}\left(1 + \frac{v_r}{v_f}\right) v_f^{\frac{3}{2}} \left[\frac{1}{1 + \dfrac{b}{pr_0}}\right]^{\frac{3}{2}} \tag{22}$$

实验中常常固定油滴运动的距离，通过测量油滴在距离 s 内所需的运动时间来求得其运动速度，且电场强度 $E = \dfrac{U}{d}$，d 为平行板间的距离，U 为所加的电

压,因此,(22)式可写成

$$q = 9\sqrt{2}\pi d \left[\frac{(\eta s)^3}{(\rho_1-\rho_2)g}\right]^{\frac{1}{2}} \frac{1}{U}\left(\frac{1}{t_f}+\frac{1}{t_r}\right)\left(\frac{1}{t_f}\right)^{\frac{1}{2}}\left[\frac{1}{1+\frac{b}{pr_0}}\right]^{\frac{3}{2}} \quad (23)$$

上式中有些量与实验仪器以及实验条件有关,选定之后在实验过程中不变,如 d、s、$(\rho_1-\rho_2)$ 及 η 等. 设常数 $C = 9\sqrt{2}\pi d\left[\frac{(\eta s)^3}{(\rho_1-\rho_2)g}\right]^{\frac{1}{2}}$,可称为仪器常数. 于是(23)式简化成

$$q = C\frac{1}{U}\left(\frac{1}{t_f}+\frac{1}{t_r}\right)\left(\frac{1}{t_f}\right)^{\frac{1}{2}}\left[\frac{1}{1+\frac{b}{pr_0}}\right]^{\frac{3}{2}} \quad (24)$$

由此可知,测量油滴上的电荷只体现在 U、t_f、t_r 的不同. 对同一油滴,t_f 相同,U 与 t_r 不同,标志着电荷不同.

3. 元电荷的测量方法

测量油滴上所带电荷 U 的目的是找出电荷的最小单位 e. 为此可以对不同的油滴分别测出其所带的电荷值 q_i,它们应近似为某一最小单位的整数倍,即油滴电荷量的最大公约数,或油滴带电量之差的最大公约数,即为元电荷.

实验中常采用紫外线、X 射线或放射源等改变同一油滴所带的电荷,测量油滴上所带电荷的改变值 Δq_i,而 Δq_i 值应是元电荷的整数倍,即

$$\Delta q_i = n_i e\ (\text{其中 } n_i \text{ 为一整数}) \quad (25)$$

也可用作图法求 e 值,根据(25)式,e 为直线方程的斜率,通过拟合直线即可求得 e 的值.

四、实验内容

1. 练习控制油滴在视场中运动.
2. 测量油滴电荷,验证其为元电荷的整数倍.

五、实验步骤

1. 调整油滴实验仪

(1)水平调整. 调整实验仪底部的旋钮(顺时针旋转仪器升高,逆时针旋转仪器下降),通过水准仪将实验平台调平,使平衡电场方向与重力场方向平行,以免引起实验误差. 极板平面是否水平决定了油滴在下落或提升过程中是否发生前后、左右漂移.

(2)喷雾器调整. 将少量钟表油缓慢地倒入喷雾器的储油腔内,使钟表油淹没在提油管下方. 油不要太多,以免实验过程中不慎将油倾倒至油滴盒内堵塞落

油孔.将喷雾器竖起,用手挤压气囊,使得提油管内充满钟表油.

(3)仪器硬件接口连接.主机接线:电源线接交流 220 V/50 Hz;Q9 视频输出接监视器视频输入(IN).

监视器:输入阻抗开关拨至 75 Ω,Q9 视频线缆接 IN 输入插座,电源线接 220 V/50 Hz 交流电压.前面板调整旋钮自左至右依次为左右调整、上下调整、亮度调整、对比度调整.

(4)实验仪联机使用.

①打开实验仪电源及监视器电源,监视器出现欢迎界面.

②按任意键,监视器出现参数设置界面.首先设置实验方法,然后根据该地的环境适当设置重力加速度、油密度、大气压强、油滴下落距离.("←"表示左移键,"→"表示右移键,"＋"表示数据设置键)

③按确认键出现实验界面,将工作状态切换至"工作",红色指示灯亮,将平衡、提升按键设置为"平衡".

(5)CCD 成像系统调整.从喷雾口喷入油雾,此时监视器上出现大量运动油滴的像.若没有看到油滴的像,则需调整调焦旋钮或检查喷雾器是否有油雾喷出,直至得到油滴清晰的图像.

2.熟悉实验界面

在完成参数设置后,按确认键,监视器显示实验界面.不同实验方法的实验界面有一定差异.

		(极板电压)
		(经历时间)
0		(电压保存提示栏)
		(保存结果显示区)
		(共 5 格)
		(下落距离设置栏)
(距离标志)		(实验方法栏)
		(仪器生产厂家)

实验界面示意图

极板电压:实际加到极板的电压在显示范围:0～9999 V.

经历时间:定时开始到定时结束所经历的时间,显示范围:0～99.99 s.

电压保存提示：将要作为结果保存的电压在每次完整的实验后显示．当保存实验结果后(即按下确认键)自动清零，显示范围同极板电压．

保存结果显示：显示每次保存的实验结果，共 5 次，显示格式与实验方法有关．当需要删除当前保存的实验结果时，按下确认键 2 s 以上，当前结果即被清除(不能连续删)．

下落距离设置：显示当前设置的油滴下落距离．当需要更改下落距离的时候，按住平衡、提升键 2 s 以上，此时距离设置栏被激活(动态法 1 步骤和 2 步骤之间不能更改)，通过"＋"键(即平衡、提升键)修改油滴下落距离，然后按确认键确认修改，距离标志相应变化．

距离标志：显示当前设置的油滴下落距离，在相应的格线上做数字标记，显示范围：0.2～1.8 mm．

实验方法：显示当前的实验方法(平衡法或动态法)，在参数设置画面一次设定．欲改变实验方法，只有重新启动仪器(关、开仪器电源)．对于平衡法，实验方法栏仅显示"平衡法"字样；对于动态法，实验方法栏除了显示"动态法"以外，还显示即将开始的动态法步骤．如将要开始动态法第一步(油滴下落)，实验方法栏显示"1 动态法"；同样，当做完动态法第一步骤，即将开始第二步骤时，实验方法栏显示"2 动态法"．

平衡法：（平衡电压）（下落时间）　　动态法：（提升电压）（平衡电压）（上升时间）（下落时间）

仪器生产厂家：显示生产厂家．

3．选择适当的油滴并练习控制油滴

(1)平衡电压的确认．仔细调整平衡电压旋钮，使油滴平衡在某一格线上，等待一段时间，观察油滴是否飘离格线，若其向同一方向飘动，则需重新调整；若其基本稳定在格线或只在格线上下做轻微的布朗运动，则可以认为其基本达到了力学平衡．由于油滴在实验过程中处于挥发状态，在对同一油滴进行多次测量时，每次测量前都需要重新调整平衡电压，以免引起较大的实验误差．事实证明，同一油滴的平衡电压将随着时间的推移有规律地递减，且其对实验误差的贡献很大．

(2)控制油滴的运动．选择适当的油滴，调整平衡电压，使油滴平衡在某一格线上．将工作状态按键切换至"0 V"，绿色指示灯点亮，此时上下极板同时接地，电场力为零，油滴将在重力、浮力及空气阻力的作用下做下落运动．当油滴下落到有"0"标记的刻度线时，立刻按下定时开始键，同时计时器开始记录油滴下落的时间；待油滴下落至有距离标志(例如：1.6)的格线时，立即按下定时结束键，同时计时器停止计时.经过一小段时间后,"0 V"工作按键自动切换至"工作"(平衡、提升按键处于"平衡"),此时油滴将停止下落,可以通过确认键将此次测量数据记录在屏幕上.

将工作状态按键切换至"工作",红色指示灯点亮,此时仪器根据平衡或提升状态分两种情形:若置于"平衡",则可以通过平衡电压调节旋钮调整平衡电压;若置于"提升",则极板电压将在原平衡电压的基础上再增加 200 V 的电压,用来向上提升油滴.

(3)选择适当的油滴.要想做好油滴实验,所选的油滴体积要适中,大的油滴虽然明亮,但一般带的电荷多,下降或提升太快,不容易测准确;油滴太小则受布朗运动的影响明显,测量时涨落较大,也不容易测准确.因此,应选择质量适中而带电不多的油滴.建议选择平衡电压在 150~400 V、下落时间在 20 s(当下落距离为 2 mm 时)左右的油滴进行测量.

具体操作:将定时器置为"结束",工作状态置为"工作",平衡、提升置为"平衡".通过调节电压平衡旋钮将电压调至 400 V 以上,喷入油雾,此时监视器出现大量运动的油滴,观察上升较慢且明亮的油滴,然后降低电压使之达到平衡状态.随后将工作状态置为"0 V",油滴下落,在监视器上选择下落一格的时间约 2 s 的油滴进行测量,按确认键用来实时记录屏幕上的电压值及计时值.当记录 5 组后,按下确认键,在界面的左面将出现 $\overline{V}$(表示 5 组电压的平均值)、$\overline{t}$(表示 5 组下落时间的平均值)、$\overline{Q}$(表示该油滴的 5 次测量的平均电荷量)的数值,若需继续实验,则按确认键.

4. 正式测量

实验可选用平衡测量法(推荐)、动态测量法及改变电荷法(第三种方法所用射线源用户自备)等方法来进行测量.实验前必须将仪器调整水平.

(1)平衡测量法.

①开启电源,进入实验界面将工作状态按键切换至"工作",红色指示灯点亮;将平衡、提升按键置于"平衡".

②通过喷雾口向油滴盒内喷入油雾,此时监视器上将出现大量运动的油滴.选取适当的油滴,仔细调整平衡电压,使其平衡在某一起始格线上(见后面平衡法示意图).

③将工作状态按键切换至"0 V",此时油滴开始下落,当油滴下落到有"0"标记的格线时,立即按下定时开始键,同时计时器启动,开始记录油滴的下落时间.

④当油滴下落至有距离标记的格线(例如:1.6)时,立即按下定时结束键,同时计时器停止计时(如无人干预,经过一小段时间后,工作状态按键自动切换至"工作",油滴将停止移动),此时可以通过按确认键将测量结果记录在屏幕上.

⑤将平衡、提升按键置于"提升",油滴将被向上提升,当回到高于有"0"标记格线时,将平衡、提升键置回"平衡"状态,使其静止.

重新调整平衡电压,重复步骤③④⑤,并将数据记录到屏幕上(平衡电压 U 及下落时间 t).当达到5次记录后,按确认键,界面的左面将出现实验结果.

重复步骤②③④⑤⑥,测出油滴的平均电荷量.

至少测量5个油滴,并根据所测得的平均电荷量 $\overline{Q}$ 求出它们的最大公约数,即为基本电荷 e 的值(需要足够的数据统计量).根据 e 的理论值,计算出 e 的相对误差.

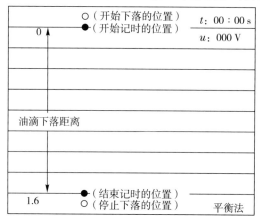

平衡法依据的公式为

$$q = 9\sqrt{2}\pi d \left[\frac{(\eta s)^3}{(\rho_1 - \rho_2)g}\right]^{\frac{1}{2}} \frac{1}{U}\left(\frac{1}{t_f}\right)^{\frac{3}{2}}\left[\frac{1}{1+\dfrac{b}{pr}}\right]^{\frac{3}{2}}$$

其中 $r = \left[\dfrac{9\eta v_f}{2g\left(1+\dfrac{b}{pr}\right)(\rho_1-\rho_2)}\right]^{\frac{1}{2}}$.

d 为极板间距　　　　　　$d = 5.00 \times 10^{-3}$ m

η 为空气黏滞系数　　　　$\eta = 1.83 \times 10^{-5}$ kg·m^{-1}·s^{-1}

s 为下落距离　　　　　　依设置,默认 1.6 mm

ρ_1 为油的密度　　　　　　$\rho_1 = 98$ kg·m^{-3} (20 ℃)

ρ_2 为空气密度　　　　　　$\rho_2 = 1.2928$ kg·m^{-3} (标准状况下)

g 为重力加速度　　　　　$g = 9.794$ m·s^{-2} (成都)

b 为修正常数　　　　　　$b = 0.00823$ N/m (6.17$\times 10^{-6}$ m·cmHg)

p 为标准大气压强　　　　$p = 101325$ Pa (76.0 cmHg)

U 为平衡电压　　　　　　屏幕显示

t_f 为油滴的下落时间　　　屏幕显示

注意 ①由于油的密度远远大于空气的密度,即 $\rho_1 \gg \rho_2$,因此,ρ_2 相对于 ρ_1 来讲可忽略不计(当然也可代入计算).

②标准状况是指大气压强 $P=101325\,\text{Pa}$,温度 $t=20\,℃$,相对湿度 $\varphi=50\%$ 的空气状态.实际大气压强可由气压表读出.

③油的密度随温度变化关系如下:

$T(℃)$	0	10	20	30	40
$\rho(\text{kg}\cdot\text{m}^{-3})$	991	986	981	976	971

计算出各油滴的电荷后,求它们的最大公约数,即为基本电荷 e 的值(需要足够的数据统计量).

(2)动态测量法.

①动态法分两步完成,第一步骤是油滴下落过程,其操作同平衡法(参看平衡法).完成第一步骤后,如果对本次测量结果满意,则可以按下确认键保存这个步骤的测量结果;如果不满意,则可以删除(删除方法见前面所述).

②第一步骤完成后,油滴处于距离标志格线以下.通过"0 V"、工作键、平衡键和提升键配合,使油滴下偏距离标志格线一定距离(见动态法第二步示意图).然后调节电压调节旋钮,加大电压,使油滴上升.当油滴到达距离标志格线时,立即按下定时开始键,此时计时器开始计时.当油滴上升到"0"标记格线时,立即按下定时结束键,此时计时器停止计时,但油滴继续上移.然后调节电压调节旋钮再次使油滴平衡于"0"格线以上.如果对本次实验满意,则按下确认键保存本次实验结果.

*③重复以上步骤,完成 5 次完整实验后按下确认键,将出现实验结果画面.动态测量法是分别测出下落时间 t_f、提升时间 t_r 及提升电压 U,并代入(11)式,即可求得油滴带电量 q.

平衡法实验结果格式

实验结果
$\overline{U}$ (V) (平均平衡电压)
$\overline{T_1}$ (s) (平均下落时间)
Q E-19(C) (电量)

注:$E-19(C)$ 表示 $10^{-19}(C)$.

动态法实验结果格式

实验结果
$\overline{U}$ (V) (平均提升电压)
$\overline{T_1}$ (s) (平均下落时间)
$\overline{T_2}$ (s) (平均上升时间)
Q E-19(C) (电量)

注:$E-19(C)$ 表示 $10^{-19}(C)$.

六、注意事项

1. CCD 盒、紧定螺钉、摄像镜头的机械位置不能变更,否则会对像距及成像角度造成影响.
2. 仪器使用环境:温度为 0~40 ℃ 的静态空气中.
3. 注意调整进油量开关,应避免外界空气流动对油滴测量造成影响.
4. 仪器内有高压,实验人员避免用手接触电极.
5. 实验前应对仪器油滴盒内部进行清洁,防止异物堵塞落油孔.
6. 注意仪器的防尘保护.

七、实验数据记录与处理

次数及数据处理 \ 油滴编号及数据	a		b		c		d		e	
	U(V)	t(s)	U(V)	t(s)	U(V)	t(s)	U(V)	t(s)	U(V)	t(s)
1										
2										
3										
4										
5										
电压、时间平均值										
$Q(10^{-19}\text{C})$										
Q/e 比值(保留 2 位小数)										
Q/e 比值取整 n										
基本电荷测量值 $e' = Q/n$										
基本电荷测量平均值 $\overline{e'}$										
相对误差 $\dfrac{|\overline{e'}-e|}{e}\times 100\%$										

注:基本电荷理论值 $e = 1.602 \times 10^{-19}$ C.

实验二十　光电效应

一、实验目的

1. 了解光电效应的规律，加深对光的量子性的理解.
2. 验证爱因斯坦光电效应方程，测量普朗克常数.

二、实验仪器

LB－PH3A 光电效应（普朗克常数）实验仪、汞灯、电缆线若干.

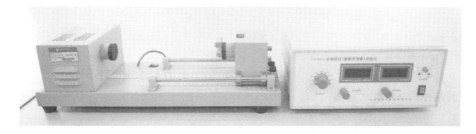

图 6－20－1　光电效应实物装置

三、实验原理

1887 年，赫兹发现了光电效应现象，对发展量子理论及波粒二象性起了根本性的作用. 光电效应是指在光的照射下，某些物质内部的电子会被光子激发出来而形成电流，即光生电. 而根据光子与物质相互作用的不同过程，光电效应又分为外光电效应和内光电效应. 外光电效应是指在外界高于某一特定频率的电磁波辐射下，物体内部电子吸收能量而逸出表面的现象. 而内光电效应是入射电磁波辐射到物体表面导致其电导率变化的现象，或入射电磁波辐射到物体表面导致其内部产生电动势的现象.

爱因斯坦于 1905 年应用并发展了普朗克的量子理论. 爱因斯坦认为，电磁辐射在本质上是一份一份不连续的，无论是原子发射和吸收它们的时候，还是在传播过程中，都是这样. 它们被称为光量子，简称光子. 爱因斯坦用"光量子"成功地解释了光电效应. 10 年后，密立根用实验证实了爱因斯坦的光量子理论，精确地测定了普朗克常数. 两位物理大师因在光电效应等方面做出的杰出贡献，分别于 1921 年和 1923 年获得诺贝尔物理学奖.光电效应实验和光量子理论在物理学的发展史中具有重大而深远的意义.利用光电效应制成的许多光电器件,在科学和技术上得到了极其广泛的应用.

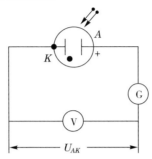

图 6－20－2　实验原理图

光电效应的实验原理如图 6－20－2 所示.入射光照射到光电管阴极 K 上,产生的光电子在电场作用下向阳极 A 迁移构成光电流,改变外加电压 U_{AK},测量出光电流 I 的大小,即可得出光电管的伏安特性曲线.

经典电磁理论认为,电子从波振面上连续地获得能量,获得能量的大小应与光的强度有关.因此,对于任何频率,只要有足够的光强度和足够的照射时间,总会发生光电效应,而实验事实与此是矛盾的.

按照爱因斯坦的光量子理论,光能并不像电磁波理论所想象的那样,分布在波阵面上,而是集中在被称为光子的微粒上,但这种微粒仍然保持着频率(或波长)的概念,频率为 ν 的光子具有能量 $E = h\nu$,h 为普朗克常数.当光子照射到金属表面上时,一次为金属中的电子全部吸收,而无需积累能量的时间.电子把该能量的一部分用来克服金属表面对它的吸引力,余下的就变为电子离开金属表面后的动能.按照能量守恒原理,爱因斯坦提出了著名的光电效应方程:

$$h\nu = \frac{1}{2}mv^2 + A \qquad (1)$$

式中,A 为金属的逸出功,$\frac{1}{2}mv^2$ 为光电子获得的初始动能.

由该式可见,入射到金属表面的光频率越高,逸出的电子动能越大,所以,即使阳极电位比阴极电位低时,也会有电子落入阳极形成光电流,直至阳极电位低于截止电压,光电流才为零,此时有关系:

$$eU_0 = \frac{1}{2}mv^2 \qquad (2)$$

阳极电位高于截止电压后,随着阳极电位的升高,阳极对阴极发射的电子的收集作用越强,光电流随之上升.当阳极电压高到一定程度时,把阴极发射的光电子几乎全收集到阳极,再增加 U_{AK} 时 I 不再变化,光电流出现饱和,饱和光电流 I_M 的大小与入射光的强度 P 成正比.

光子的能量 $h\nu < A$ 时,电子不能脱离金属,因而没有光电流产生.产生光电效应的最低频率(截止频率)是 $\nu_0 = \dfrac{A}{h}$.

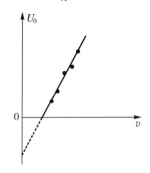

图 6-20-3　频率与截止电压关系

将(2)式代入(1)式可得:

$$eU_0 = h\nu - A \tag{3}$$

此式表明截止电压 U_0 是频率 ν 的线性函数,直线斜率 $a = \dfrac{h}{e}$,只要用实验方法得出不同的频率对应的截止电压,如图 6-20-3 所示,求出直线斜率,就可以算出普朗克常数.

爱因斯坦的光量子理论成功地解释了光电效应规律.

四、实验内容

1. 测普朗克常数(零电流法).
2. 验证光电流与入射光强成正比.

五、实验步骤

1. 测试前准备

(1)将控制箱及汞灯电源接通,预热 20 分钟.

(2)把汞灯及光电管暗箱遮光盖盖上,将汞灯暗箱光输出口对准光电管暗箱光输入口,调整光电管于刻度尺 30 cm 处并保持不变.

(3)用专用连接线将光电管暗箱电压输入端与控制箱"光电管电压输出"端(后面板上)连接起来(红—红,黑—黑).将控制箱后面的开关拨到普朗克常数一侧.

(4)仪器在充分预热后,进行测试前调零.先将控制箱光电管暗箱电流输出端 K 与控制箱"光电流输入"端断开,将电压指示开关打到内电压挡.在无光电管电流输入的情况下,将"电流量程"选择开打至 10^{-13} 挡,旋转"电流调零"旋钮使电流指示为 0.每次开始新的测试时,都应进行调零.

(5)用高频匹配电缆将光电管暗箱电流输出端 K 与测试仪微电流输入端(后面板上)连接起来.

2.测普朗克常数(零电流法)

零电流法是直接将各谱线照射下测得的电流为零时对应的电压 U_{AK} 作为截止电压 U_0.此法的前提是阳极反向电流、暗电流和杂散光产生的电流都很小,用零电流法测得的截止电压与真实值相差很小,且各谱线的截止电压都相差 ΔU,对 $\nu - U_0$ 曲线的斜率无大的影响,因此,对 h 的测量不会产生大的影响.

(1)将电压选择按键置于 I 挡;将"电流量程"选择开关置于 10^{-13} 挡,将控制箱电流输入电缆断开,调零后重新接上;调到直径 4 mm 的光阑及 365.0 nm 的滤色片.从低到高调节电压,测量该波长对应的 U_0,记录数据,并绘制 $\nu - U_0$ 曲线.由于电流表在 10^{-13} 挡时非常敏感,此时电压调节一定要非常缓慢,一点一点地调节;在零点附近时,要特别注意.

(2)依次换上 404.7 nm、435.8 nm、546.1 nm、577.0 nm 的滤色片,重复以上测量步骤.

(3)以刚记录的电压值的绝对值作纵坐标,以相应谱线的频率作横坐标作出五个点,用此五点作一条 $\nu - U_0$ 直线,求出直线的斜率 a.用 $h = a \cdot e$ 求出普朗克常数,并与理论值比较求出相对误差.

3.测光电管的伏安特性曲线

(1)将滤色片旋转 365.0 nm(亦可选择任意一谱线),调光阑到 8 mm 或 10 mm 挡.

(2)从低到高调节电压,记录电流从非零到零点所对应的电压值(精细);之后电压每变化一定值(可调节电压挡到 $-3 \sim +20$ V)就记录相应的电流值(此时"电流量程"选择开关应置于 10^{-10} 挡.)

(3)绘制光电管的伏安特性曲线.

4.验证光电流与入射光强成正比

由于照射到光电管上的光强与光阑面积成正比,故改变光阑大小选择任意一谱线,记录光电管的饱和光电流(设置 $U_{AK} = 18$ V,电流表量程为 10^{-10} 挡).验证入射光强与饱和光电流成正比.

六、实验数据记录与处理

1.测普朗克常数(零电流法)

波长(nm)	365.0 nm	404.7 nm	435.8 nm	546.1 nm	577.0 nm
对应频率(Hz)					
截止电压 U_S(V)					

直线 $\nu - U_0$ 斜率　　　$a =$ _____

普朗克常数　　　　　$h = a \cdot e =$ _____

相对误差　　　　　　$E = \dfrac{|h - h_0|}{h_0} \times 100\% =$ _____

其中，$e = 1.602 \times 10^{-19}$ C，$h = 6.625 \times 10^{-34}$ J·s．

2.测光电管的伏安特性曲线

光阑 = _____ mm　　距离 = _____ cm

365.0 nm	U_{AK}(V)							
	$I(10^{-10}$ A)							

3.验证光电流与入射光强成正比

光阑孔径	2 mm	4 mm	6 mm	8 mm	10 mm
$I_{365\text{ nm}}(10^{-10}$ A)					

七、注意事项

1．避免滤色片被污染，光源与暗盒距离 30 cm．

2．微电流放大器必须充分预热(30 分钟)．

3．在进行测量时，各表头数值应在完全稳定后记录．

4．更换滤色片时，必须先遮挡住汞灯光源，避免强光直接照射阴极而缩短光电管寿命．实验完毕后，用遮光罩盖住光电管暗盒进光窗．

八、思考题

1．什么是光电效应？什么是内光电效应和外光电效应？

2．光电管为什么要装在暗盒中？为什么在非测量时，要用遮光罩盖住光电管窗口？

九、附录

1. 光电管的伏安特性曲线

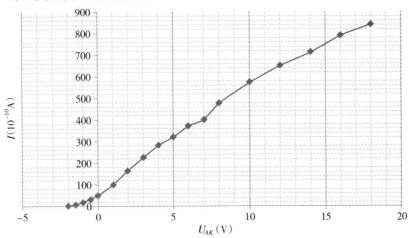

图 6－20－4 光电管 365 nm 伏安特性曲线

2. 验证光电流与入射光强成正比

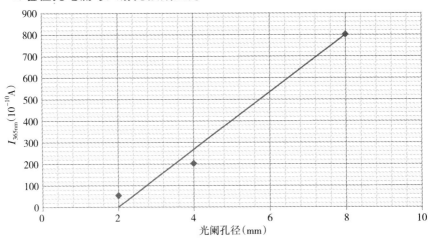

图 6－20－5 光电流与入射光强的关系

由图可知,光电流与入射光强基本成正比;但是为了更好地验证正比关系,可以在实验中对所有光阑大小都做测量.

第七章

演示实验

实验二十一　飞机升力

一、实验目的

1. 了解伯努利原理与飞机起飞原理.
2. 了解物体形状对压强的影响.

二、实验仪器

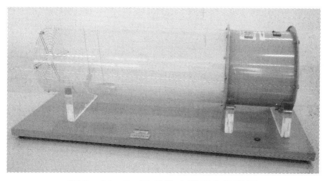

图 7-21-1　飞机升力模拟实物装置

三、实验原理

　　飞机能起飞依靠的是伯努力原理产生的机翼升力,其源于机翼的形状.因为飞机机翼截面形状是上方凸起、下方较平,所以,飞机前进时,机翼与周围空气发生相对运动,相当于气流迎面流过机翼,原本是一股气流,由于机翼的插入,被分成上下两股气流,通过机翼后,在后缘又重合成一股气流.由于机翼截面的形状上下不对称,上表面拱起,使上方的气流通道变窄.根据气流的连续性原理和伯努利定理可知,机翼上方的压强比机翼下方的压强小,因此,机翼下表面受到向上的压力比机翼上表面受到向下的压力大,这个压力差就是气流对机翼产生的升力.图 7-21-2 给出气流从机翼上下方流过的情况.

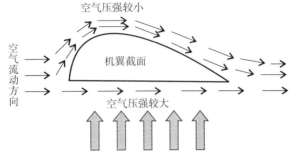

图 7-21-2　气流流经机翼上下方情况分布图

四、实验步骤及现象

1.接通电源,按下仪器旁边的绿色键,观察模型飞机在起飞过程中的特点.
2.实验结束,再按一下绿色键,关闭电源.

五、注意事项

1.在观察模型飞机起飞过程时,切忌碰触模型飞机,以免误伤自己.
2.离开时注意关闭电源.

六、思考题

1.客机的起飞原理与直升机的起飞原理是否相同?各有什么特点?

实验二十二　共振环

一、实验目的

1.掌握共振产生的条件.
2.学会利用共振特性确定物体的固有频率.
3.了解共振的特点.

二、实验仪器

图 7—22—1　共振环实物装置

三、实验原理

振动系统在周期性外力的作用下所发生的振动称为受迫振动,这个周期性外力称为策动力.分析表明,每一个物体或振动系统(这里指弹簧)都有一固定的频率,该频率称为系统的固有频率.这个固有频率由物体的材料、形状、质量分布等因素决定.当策动频率与振动系统的固有频率相同时,受迫振动的位移振幅达到最大,称为位移共振.阻尼越小,共振频率越接近固有频率,位移振幅就越大.

对于对本实验中的共振小环,主要由于喇叭的振动推动金属环做受迫振动,喇叭的每次推动会在金属环周围产生两个方向的两道声波,当其中一道声波环绕金属环一圈时,会从下方的固定夹反射回来,并且从原路返回到原处.由于喇叭不断推动金属环,因此,双向均有许多声波环绕在金属换周围.在多数频率上,不同方向的声波峰值不相同,互相削弱,所以金属环的振幅不大.但是在特定的频率上,两个方向的声波峰值相互重合,此时声波相互叠加,使金属环产生剧烈的振动.这个频率即为金属环的固有频率,当外界策动力的频率与金属环的固有频率相同时(或者非常接近),则达到了共振.

四、实验步骤及现象

1. 接通电源,把频率控制旋钮旋转到最左端频率最小处.
2. 缓慢旋转频率旋钮,使声波的频率逐渐增强,同时观察金属环的振动情况.
3. 当金属环振动剧烈时,观测此时声波的频率,即可获得金属环的固有频率.
4. 将频率旋钮调回频率最小处,关闭电源.

五、注意事项

1. 实验过程中禁止拉扯金属环,以免损坏.
2. 调整频率旋钮改变频率时,操作要缓慢,切勿快速旋转.

六、思考题

列举生活中的若干共振现象,浅谈共振的危害或用途.

实验二十三　回转定向仪

一、实验目的

1. 掌握回转定向仪的设计原理.
2. 掌握角动量守恒原理及判定条件.
3. 了解回转定向仪的特点和应用.

二、实验仪器

图 7－23－1　回转定向仪实物装置

三、实验原理

在任何外力作用下不产生形变的物体即为刚体.刚体在旋转时转动惯量 J 保持恒定不变.设旋转角速度为 ω,则其角动量大小 $L=J\omega$.由角动量定理的矢量式

$$M = \frac{dL}{dt} \quad (1)$$

可知,若刚体所受合外力矩 $M=0$,则角动量 $L=J\omega$ 为恒矢量,又因为刚体定轴转动的转动惯量 J 不变,所以角速度 ω 保持不变(包括方向和大小).此时刚体在惯性支配下转动.

本实验中的回转仪就是利用上述物理原理制成的.回转仪的主要部分是厚重、对称的高速陀螺,一般由内外两环(多环)组成的支架支承.这两个环可分别绕相互垂直的两个轴无摩擦转动,这样陀螺的转轴可以占据空间的任何方位.当陀螺高速转动时,如果没有外力矩作用,陀螺的角动量、角速度都不变,即转轴空间取向(角速度的方向)也保持不变.由于支架的特殊构造(各接触点摩擦力为零)可以把来自外部的力矩化为零,因此,即使操作者不停改变装置的空间位置,都不影响转轴方向.

通常把回转仪用作定向装置或稳定装置等.

四、实验步骤及现象

1. 将电机的电源线接入 220 V 的交流电源,脚踩踏板可以控制电机的开和关.
2. 将回转仪的几个外环调整到同一平面内,然后把回转仪的转子放在电机的驱动轮上并压紧.踩动踏板,通过驱动轮与转子间的摩擦力使转子高速旋转,同时松开踏板.
3. 手握紧回转仪的手柄,任意改变手柄方向,观察转子的转动方向.
4. 观察结束后,将回转仪放置平稳,断开电机电源.

五、注意事项

1. 在电机上用旋转轮加速转子时,一定要紧握手柄,以免滑落砸伤自己.
2. 当转子高速旋转时,切勿碰触高速旋转的转子.
3. 实验结束后,一定要把旋转定向仪放置平稳,关掉电源后再离开.

六、思考题

1. 花样滑冰运动员是怎么控制自身旋转速度的?
2. 直升机在上升或下降时是如何控制机身平稳的?
3. 仔细观察鱼在水中转弯时尾部和头部是怎样摆动的,并说明理由.

实验二十四　龙卷风模拟

一、实验目的

1. 熟悉龙卷风的形成机理.
2. 了解龙卷风的特点.

二、实验仪器

图 7-24-1　龙卷风模拟实物装置

三、实验原理

龙卷风是一种自然现象,是云层中雷暴的产物,即雷暴巨大能量中的一小部分在很小的区域内集中释放的一种形式.如图7－24－2所示.

图7－24－2　龙卷风

能产生龙卷风的积雨云都是巨型积雨云,在云－大放电过程中,云顶的正电量要比云底的负电量大得多.经云内电中和后,云底的负电荷不足,携带大量正电荷的云团与地面形成强大电场.在静电引力的作用下,携带正电荷的云团从云底向下伸出,携带负电荷的空气从四周汇聚,从而进行中和.在积雨云的底部首先出现一个漏斗云,其周围的空气高速旋转.龙卷风的云柱是向下运动的携带大量正电荷的云团气流,云柱与地表之间存在着强大的电场,但是该电场不足以引发闪电,却能够使地面或水面产生很强的负粒子流.若云中的正电荷量足够大,漏斗云会迅速地向地面或者水面延伸,当与地表相接后就形成了龙卷风.

本实验装置是利用换能器将电能转化成高频超声波,超声波在通过水分子介质时,能量被水吸收,从而产生大量雾状水滴.装置的顶部装有风扇,能产生上升的气流,使雾状水滴向上运动.同时,四根柱子从侧面吹风,赋予水滴绕轴旋转的速度.这样,水滴一面绕轴旋转一面上升,便模仿了龙卷风的形状.

四、实验步骤及现象

1. 预先给龙卷风的模拟装置盆内注入一定量的水,盖上底板.
2. 接通电源,按下仪器旁边的绿色按键,观察龙卷风.
3. 实验结束后断开电源.

五、注意事项

实验结束后,切记断开电源.

六、思考题

产生龙卷风的主要条件是什么?

实验二十五 锥体上滚

一、实验目的

1. 演示锥形物体在倾斜导轨上的滚动现象.
2. 理解造成锥体上滚这一错觉的原因.

二、实验仪器

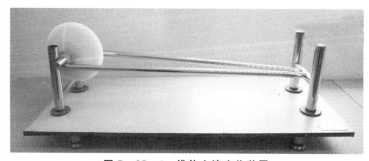

图 7－25－1 锥体上滚实物装置

三、实验原理

任何物体在重力场中,总会受到重力的作用而有降低其重心位置的趋势,即在斜坡上物体有下滑或下滚现象.本实验从表面上看是物体由轨道低端向高端运动,事实上是由于双锥体和导轨的形状导致的.当锥体从顶端下滚时,由于导轨越往下越相互靠拢,故导致锥体重心增高;在双锥体自低端向高端滚动过程中,双椎体的重心却在下移,所以仍然符合力学规律,只是导轨的高低等因素给人造成了一种错觉.

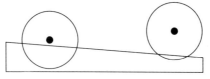

图 7－25－2 锥体上滚正视示意图

四、实验步骤及现象

1. 将双锥体置于轨道低处,松手后双锥体将自动沿轨道从低处向高处滚动.

2. 将双锥体置于轨道高处,松手后双锥体并不沿轨道向下滚动.

五、注意事项

1. 操作时力度要适中,避免损坏器材.
2. 切勿把双锥体从轨道上取下,避免砸伤.

六、思考题

当双锥体下滚时重心升高,思考重心升高的高度与哪些因素有关.

实验二十六 声聚焦

一、实验目的

演示抛物反射面对声波的反射与聚焦作用.

二、实验仪器

图 7-26-1 声聚焦实物装置

三、实验原理

声聚焦就是指凹面对声波形成集中反射,使反射声聚焦于某个区域,造成声音在该区域特别响的现象.图 7－26－2 中左图为抛物面的截面图,F 为其焦点,MN 为抛物面的准线.A_1P_1 和 A_2P_2 为任意传来的两列声波,它们的延长线和准线交于 Q_1 和 Q_2 点,根据抛物面的性质,可知 $P_1F=P_1Q_1$,$P_2F=P_2Q_2$,即 $A_1P_1+P_1F=A_2P_2+P_2F$,所以,平行于轴的各声线到达焦点 F 的声程相等,它们必交于焦点 F.

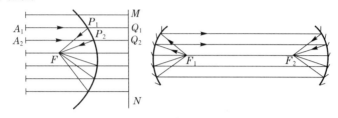

图 7－26－2　声聚焦原理图

如图 7－26－2 中右图所示为声波传播的路线.当一声源放在左边的焦点 F_1 处,声波将被抛物反射面以平行于其轴线的方向向右反射出去.此平行声波入射到右面的反射面时,被反射的声波聚焦于右边的焦点 F_2 处.

四、实验步骤及现象

两个学生参与演示,一个学生站在焦点 F_1 处,面对反射面说悄悄话,站在焦点 F_2 处面对该反射面的学生将能清晰地听到对方的说话声.

五、注意事项

1. 说话时应当面对反射面.
2. 演示时,两反射面之间区域应保持无人.

六、思考题

如果不利用抛物面,还可以利用什么曲面实现声聚焦?

实验二十七　记忆合金

一、实验目的

1. 演示记忆合金弹簧在不同温度下的形状变化现象.
2. 认识形状记忆合金的工作原理.

二、实验仪器

CuZnAl 记忆合金.

三、实验原理

记忆合金是一种原子排列很有规则、体积变化为小于 0.5% 的马氏体相变合金.这种合金在外力作用下会产生变形,当把外力去掉,在一定的温度条件下,能恢复原来的形状.由于它具有百万次以上的恢复功能,因此叫作记忆合金.当然它不可能像人类大脑那样具有思维的记忆,更准确地说应该称之为记忆形状的合金.此外,记忆合金还具有无磁性、耐磨耐蚀、无毒性的优点,因此应用十分广泛,如制作温控器件温控电路、飞机空中加油接口等.科学家们现在已经发现了几十种不同记忆功能的合金,如钛—镍合金、金—镉合金、铜—锌合金等.

1. 双程 CuZnAl 记忆合金弹簧

形状记忆合金具有形状记忆效应,以记忆合金制成的弹簧为例,把这种弹簧放在热水中,弹簧的长度立即伸长,再放到冷水中,它会立即恢复原状.利用形状记忆合金弹簧可以控制浴室水管的水温:在热水温度过高时通过"记忆"功能,调节或关闭供水管道,避免烫伤.记忆合金也可以制作成消防报警装置及电器设备的保安装置.当发生火灾时,记忆合金制成的弹簧发生形变,启动消防报警装置,达到报警的目的.还可以把用记忆合金制成的弹簧放在暖气的阀门内,用以保持暖房的温度,当温度过低或过高时,可自动开启或关闭暖气的阀门.形状记忆合金的形状记忆效应还广泛应用于各类温度传感器触发器中.

双程记忆效应:某些合金加热时恢复高温相形状,冷却时又能恢复低温相形状,称为双程记忆效应.本实验利用 CuZnAl 记忆合金的双程记忆效应制成的伸缩簧,随温度的变化可以自行伸长、缩短,相互间始终做反方向动作,构成了鲜明的对比,很具代表性.

2. 记忆合金水车

本实验装置主要由一个转轮组成,在转轮上偏心布置一系列记忆合金弹簧.在高于记忆合金的"跃变温度"(约 85℃)的水中,记忆合金弹簧产生形变(在热水中缩短,在空气中伸长),使得偏心布置的记忆合金弹簧对转轮中心的力矩始终不为零,在此力矩作用下,使转轮持续转动起来.

四、实验步骤及现象

1. 加热仪器,使水槽中水的温度升至 85℃以上,观察转轮的旋转现象.
2. 把密弹簧放入 85℃以上的热水中,仔细观察弹簧的伸长现象.

3. 把疏弹簧放入 85℃以上的热水中,仔细观察弹簧的收缩现象.

五、注意事项

1、不要随意改变弹簧形状,以免弹簧折断.
2、将弹簧放入水中时,动作要慢,以防被溅起的热水烫伤.

实验二十八　雅各布天梯

一、实验目的

通过演示来了解气体弧光放电的原理.

二、实验仪器

图 7-28-1　雅格布天梯演示实物装置

三、实验原理

无论是在稀薄气体、金属蒸气中还是在大气中,当回路中电流的功率较大时,能够提供足够大的电流,使气体击穿,伴随有强烈的光辉,这时所形成的自持放电的形式就是弧光放电.雅格布天梯是演示高压放电现象的一种装置.给存在一定距离的两电极之间加上高压,若两电极间的电场达到空气的击穿电场时,两电极间的空气将被击穿,并产生大规模的放电,形成气体的弧光放电.

雅格布天梯中的两电极构成一梯形,下端间距小,因而场强大.其下端的空气最先被击穿,产生大量的正负离子,同时产生光和热,即电弧放电.放电时电弧将上面的空气加热(空气的温度越高,空气就越易被电离击穿,击穿场强下降),使其上部的空气也被击穿,形成不断的放电.结果弧光区逐渐上移,犹如爬梯子一般的壮观.当升至一定的高度时,由于两电极间距过大,使极间场强太小不足以击穿空气,故当电极提供的能量不足以补充声、光、热等能量损耗时,弧光因而熄灭.此时高压再次将电极底部的空气击穿,发生第二轮电弧放电,如此周而复始,产生实验中的现象.

四、实验步骤及现象

打开电源开关,可看到高压弧光放电沿着"天梯"向上"爬",同时听到放电声,直到上移的弧光消失,天梯底部将再次产生弧光放电.

五、注意事项

1. 做好安全防护,将仪器封闭,不能让人触及仪器,尤其是在工作时.
2. 仪器工作时间不宜过长,超过 3 分钟后仪器将自动进入断电保护状态,稍等一段时间,仪器恢复后方可继续演示.

六、思考题

在阴雨天的夜晚,高压输电线的下面常常出现微弱的光晕现象,试简要阐述该现象形成的原因.

实验二十九 涡流热效应

一、实验目的

1. 演示涡电流加热原理.
2. 加深对电磁感应现象的理解.

二、实验仪器

图 7-29-1　涡流热效应实物装置

三、实验原理

根据法拉第电磁感应定律,当闭合回路的磁通量发生变化时,就会在回路产生感应电动势及感应电流.如果将大块导体放在变化的磁场中,由于导体内部处处可以构成回路,任意回路所包围面积的磁通量都在变化,因此,这种电流在导体内自行闭合,形成涡旋状,故又称为涡电流.由欧姆定律可知,回路电阻越小,感应电流(涡电流)就越大,同时由于电流的热效应,故在此过程中会产生大量的焦耳热,具体可以结合焦耳定律 $Q = I^2 Rt = \dfrac{\varepsilon^2}{R} t$ 进行计算.

如图 7-29-2 所示为本实验装置的示意图.

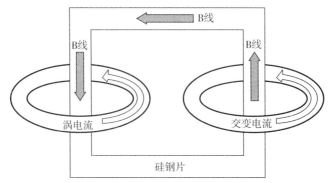

图 7-29-2　涡流热效应原理图

装置的右边有大量密绕铜线圈,工作时线圈通以高频交变电流,然后在线圈的纵向产生了随时间变化的磁场 B_0。由于硅钢片的磁导率 μ_r 很大,根据 $B = \mu_r B_0$ 可知,硅钢片内的磁感应强度 B 较原磁场 B_0 扩大几百倍甚至上千倍,且仍然随时间变化,这样的磁场穿过左边铝环时产生了感应电动势 $\varepsilon = -\dfrac{d\varphi}{dt}$. 由于铝环的电阻很小,故在上铝环产生了强大的感应电流(涡电流),从而加热了铝环槽内的物体.

我们常见的电磁炉就是采用涡流感应加热的. 电磁炉的下面有个密绕的线圈,工作时通一高频交变电流,在竖直方向上便产生了交变磁场. 当把铁磁质锅具放置炉面时,该磁场就会穿过锅底从而产生涡电流,达到加热食物的目的.

四、实验步骤及现象

1. 仔细观察实验装置结构.
2. 在铝环槽内加上少许蜡块或松香.
3. 轻轻按下电源按钮,等待数分钟.
4. 观察实验现象,并总结涡电流产生的原理及规律.

五、注意事项

1. 操作时力度要适中,避免损坏器材.
2. 加热铝环时,切不可用手直接触摸铝环,以免烫伤.

六、思考题

1. 铜、铝、陶、玻璃等质地锅具能否用在电磁炉上加热?
2. 为什么家用电器的变压器铁芯通常用层状的硅钢片?这样做有什么好处?

实验三十　安培力

一、实验目的

1. 演示直流导体在磁场中的受力作用.
2. 验证直流导体在磁场中的受力方向与磁场方向、电流方向三者之间的关系,即验证右手螺旋定则.

二、实验仪器

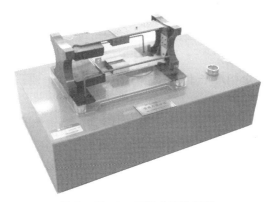

图 7-30-1 安培力实物装置

三、实验原理

通电导体在磁场中会受到磁场力的作用,这种作用力称为安培力.实验发现,位于磁场中某点电流处的电流元 Idl 将受到磁场的作用力 dF. dF 可以表示成 Idl 与磁场强度 B 的矢积形式:

$$dF = Idl \times B$$

其中,dF 的方向垂直于 Idl 与 B 所组成的平面,指向由右手螺旋法则决定.计算一给定载流导线在磁场中所受到的安培力时,须对各个电流元所受的力 dF 求矢量和,即

$$F = \int_L Idl \times B$$

对于长度为 L 的直导线中通有电流 I,位于磁感应强度为 B 的匀强磁场中,若电流的方向与磁场方向垂直,则导线所受的安培力为

$$F = IL \times B$$

可见,力、电流和磁场三者遵守右手螺旋定则.

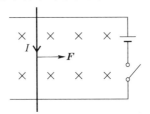

图 7-30-2 安培力原理图

四、实验步骤及现象

1. 将直导体铜棒水平放在支承导轨上,并调节其水平位置,使铜棒在磁场中间.
2. 按下按钮接通电源,即可观察到载流直导体铜棒在导轨上滑动的现象.
3. 改变磁场的方向,则载流铜棒将在导轨上沿相反方向滑动.
4. 通过上式的矢量叉乘结果可以判断安培力的方向.

五、注意事项

1. 导体棒要处在磁场所在区域.
2. 导体棒与导轨要接触良好.

六、思考题

改变电路中电流的方向,导体棒的运动方向是否发生改变?

实验三十一 静电现象

【静电除尘】

一、实验目的

了解静电除尘的原理.

二、实验仪器

图 7-31-1 静电除尘实物装置

三、实验原理

静电除尘器的工作原理是利用高压电场使极板附近空气电离,然后大量的带电粒子在电场的作用下高速运动,撞击尘埃颗粒使之电离或附着在尘埃颗粒上而变为带电粒子,然后在电场的作用下向极板移动,最终在极板上沉淀,使空气得到净化.

本实验装置由一个能产生烟雾的底座、排烟通道及中央电极组成.实验时烟雾通过排烟通道.由于烟雾颗粒与空气分子频繁地碰撞或摩擦,使得少量的原子、分子失去电子而成为带电离子.当打开电源时,中央电极和绕在排烟道的另一电极之间产生了高电压,从而产生了强电场.这些带电粒子在该电场下加速运动,使空气进一步电离,产生大量的带电粒子在空间运动,以更大的速度去碰撞尘埃颗粒,使尘埃颗粒都携带电荷成为带电粒子.这些带电粒子在电场的作用下被吸附到中央电极上和管壁上,从而达到电离除尘的目的.

常见的静电除尘器可概略地分为以下几类:按气流方向分为立式和卧式,按沉淀极型式分为板式和管式,按沉淀极板上粉尘的清除方法分为干式和湿式等.

四、实验步骤及现象

1. 将静电高压电源的正负极接线分别接在金属线和中央棒上,暂不接通高压电源.
2. 将器皿内的蚊香点燃,将其推入排烟管底部所在位置,可看到浓烟从排烟管内袅袅上升,自顶端逸出.
3. 开启高压电源,可以观察到烟雾立刻消失.
4. 将静电放完,多次重复实验.
5. 演示完成后,关闭电源进行人工放电.

五、注意事项

1. 操作过程中不要触摸实验设备,以免触电.
2. 关闭电源后,取下任一级接头与另一级接头接触进行人工放电,确保仪器设备和操作者的安全.
3. 晴天演示时电源电压要降低些,阴天演示时电源电压应提高些.

六、思考题

1. 为什么手机处在金属制成的电梯轿厢里信号很差?
2. 举例说明静电在实际生活中的应用.

【尖端放电】

一、实验目的

1. 了解自然界雷电现象的原理.
2. 掌握一定的防雷基本知识.

二、实验仪器

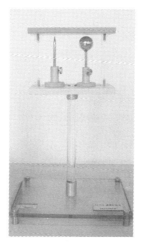

图 7-31-2 尖端放电实物装置

三、实验原理

根据高斯定理可以求出,处于静电平衡的导体表面附近的电场强度 E 的大小与导体表面在该处的面电荷密度的关系为

$$E = \frac{\sigma}{\varepsilon_0} \tag{1}$$

式中,σ 为导体表面的面电荷密度,ε_0 为真空介电常数. 对于孤立的带电导体,表面上的曲率越大处,电荷面密度 σ 越大. 因此,导体尖端处的电荷面密度最大,其附近的电场也最强. 由于导体表面尖端处电场特别强,空气中少量残留的带电离子在强电场作用下激烈运动,因此,当它与空气分子碰撞时,就会使空气分子电离,从而产生大量新的离子,使原先不导电的空气变得易于导电. 与导体尖端电荷异号的离子受到吸引趋向尖端,而与导体尖端同号的离子受到排斥而加速离开尖端,即通常所说的电风. 如果此时再增大电场强度,则会在两极之间产生剧烈的火花放电现象,即尖端放电现象.

本实验演示的就是避雷针的工作原理.仪器装置由导体球(建筑物)、尖端导体棒(避雷针)以及表示云层的上导体板和表示大地的下导板组成.由于尖端导体棒的曲率半径要比导体球小很多,所以尖端导体棒电荷密度将很大,则其附近的电场要比导体球的电场强很多.导体棒即刻产生尖端放电现象,中和来自云层的电荷.这样一来,在"避雷针"的一定范围里就形成了一个安全保护区.建筑物上常常见到这种尖端的导体就是利用这一原理来避雷的.从以上分析可以看出,实际上所谓的"避雷",并不是阻挡,而是靠"吸引"来中和电荷,似乎叫"引雷针"更合适.所以避雷针一定要高于被保护的建筑物,因为在避雷针高出部分能形成畸形的电场,带电云层在该畸形电场的影响下改变方向,转向避雷针,从而避免击中建筑物.在雷雨季节里,这种装置可以有效地减少一些因为雷电而产生的人身和财产损失.

四、实验步骤及现象

1. 将尖端导体和导体球的高度调到一致.

2. 将高压电源的正极连接到装置的上下极板,打开高压电源开关,调节电压旋钮.

3. 当电压由小向大调节时,观察到尖端处依次出现电风、微弱电火花,伴随"吱吱"响声,电火花并由暗到亮.

4. 实验结束后,将电压旋钮旋至最低,关掉电源,并进行人工放电.

五、注意事项

由于电源电压较高,关闭电源后,不能完全充分放电,故实验结束后取下电源任一极与另一极接头相碰触,进行人工放电,以确保仪器设备和操作者的安全.

六、思考题

油罐车后面常常见到一条铁链拖在地上,这条铁链起什么作用?

【静电跳球】

一、实验目的

1. 探究静电力作用的现象和原理.
2. 研究能量间的转化过程.

二、实验仪器

图 7－31－3　静电跳球实物装置

三、实验原理

本实验装置中上下两个圆形金属平行板正对放置,中间被圆柱形绝缘有机玻璃隔开.当上下极板接通高压电源时,圆柱形玻璃空间就会产生电场,方向与圆柱侧面平行.圆柱形空间里有很多用轻质铝箔揉制而成的金属小球,这些金属球质量极轻.当接通电源时,金属球即刻携带了与下极板同号的电荷,这些轻质金属球受到下极板的排斥和上极板的吸引(或理解为空间存在强电场而运动),金属球做竖直向上运动,跃向上极板.一旦金属小球与上极板接触后,金属小球所带的电荷被中和,反而带上了与上极板相同的电荷,于是又被排斥返回下极板.如此周而复始,可观察到金属小球在密闭的容器内上下跳动.当两极板电荷被完全中和时,金属小球随之停止跳动.

四、实验步骤及现象

1. 将两铝板接通高压电源,观察导体球上蹦下跳现象.
2. 增加两极板间的电压,导体球上蹦下跳的速度加快.
3. 实验结束后及时关闭电源,用接地线分别接触两极板进行放电,保证实验仪器和实验操作者的安全.

五、注意事项

1. 接好电路后,调整两根输出导线间的距离,使之足够远,距离太近时会击穿空气而打火.

2. 接通高压电源后,不能触摸高压端和电极板,否则会触电而麻木.
3. 实验结束后,先关闭电源开关,再进行人工放电.

六、思考题

小球为什么会跳起来?静电导体球实际上在做什么工作?

实验三十二　楞次跳环

一、实验目的

观察几种铝环的运动情况,理解和掌握楞次定律.

二、实验仪器

图 7-32-1　楞次跳环实物装置

三、实验原理

当底座铜线圈通有交变电流时,在铁芯中产生的交变磁场穿过闭合的铝环,根据电磁感应定律,套在铁芯中的铝环将产生感生电动势,由于铝环存在自感,铝环中实际的电动势是由线圈对其产生的感应电动势和自感电动势的叠加,所

以铝环实际电动势的相位落后于线圈交变电流的相位.根据法拉第电磁感应定律

$$\varepsilon = -\frac{d\varphi}{dt}$$

可知,落后的相位是 $\frac{\pi}{2}$. 由于铝环感抗

$$X_L = \omega L$$

的存在,使得铝环中的感应电流的相位又落后于感应电动势一个阻抗角 φ,根据电工学相关知识可知

$$\varphi = \tan^{-1}\frac{\omega L}{R}$$

如图 7-32-2 所示给出了线圈电流与铝环的感应电流之间的相位关系.

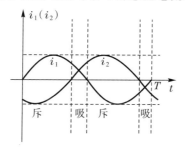

图 7-32-2　线圈与铝环感应电流的相位关系图

由图可见,在一个周期内,斥力的累积作用时间比引力的多,所以整体上表现为斥力.从图中还可以看出,斥力和引力是相互交替作用于铝环的,所以铝环在被悬浮时伴随着高频且小幅的振动,用手触摸即可感觉到.

四、实验步骤及现象

1.闭合铝环的演示

(1)打开演示仪电源开关,将闭合铝环套入铁棒内.

(2)接通开关,则闭合铝环高高跳起,保持操作开关接通状态不变,闭合铝环则保持一定高度,悬在铁棒中央.

(3)观察并触摸铝环,感觉是否有轻微振动.

(4)断开操作开关时,闭合铝环落下.

2.带孔铝环的演示

(1)打开演示仪电源开关,将闭合铝环取下,将带孔的铝环套入铁棒内.

(2)接通开关,则带孔铝环也会跳起,保持操作开关接通状态不变,观察悬浮的高度较闭合铝环是否有变化.

(3)观察并触摸铝环,感觉是否有轻微振动.
(4)断开操作开关时,带孔铝环落下.
3. 开口铝环的演示
(1)打开演示仪电源开关,将闭合铝环取下,将开口铝环套入铁棒内.
(2)接通开关,则开口铝环不会跳起.
(3)思考开口铝环不跳起的原因.
(4)断开操作开关.

五、注意事项

避免长期通电损坏仪器.

六、思考题

1. 如果将小铝环改成小铜环或者小木环,结果会怎样?为什么?
2. 试说明为什么楞次定律与能量守恒定律一致.
3. 为什么开口铝环不跳起?

实验三十三　超导磁悬浮

一、实验目的

利用超导体的完全抗磁性演示磁悬浮现象.

二、实验仪器

图 7-33-1　磁悬浮实物装置

三、实验原理

除零电阻效应外，超导体还具有另一独特的磁性质——完全抗磁性，称为迈斯纳效应。从屏蔽电流观点来看，这种完全抗磁性是由超导体表面的屏蔽电流引起的，即超导体表面的持续屏蔽电流在超导体内部产生的磁通密度 B' 处处抵消外场的磁通密度 B_0，使超导体内没有净剩的磁通密度。阿卡迪也夫（Arkadiev）的悬浮磁体实验显示了超导体的这一完全抗磁性质。当一个小的永磁体降落到一个超导体表面附近时，由于超导体的完全抗磁性（内部磁感应 $B=0$），永磁体的磁力线不能进入超导体，在永磁体与超导体之间产生的斥力可以克服小磁体的重力，使其悬浮在超导体表面一定高度上。

但是，迈斯纳效应是第一类超导体（大部分纯超导元素，具有正界面能）而言的，它对外场产生的排斥力很小，没有实际应用价值。而对第二类超导体（一部分纯超导元素、超导合金及超导化合物，具有负界面效应）来说，在混合态（迈斯纳态与正常态之间的过渡超导状态）下不存在完全抗磁性，其磁化强度随外场变化呈非线性效应，即具有部分抗磁性。在液氮温度下显示超导性的氧化物超导体属于非理想的第二类超导体。它除了具有负的界面能以外，还具有下列特征：磁化曲线不可逆；混合态的非均匀磁通格子分布；磁通格子受到来自晶格缺陷的钉扎作用。非理想第二类超导体在混合态下具有很高的临界电流，该临界电流与磁通线的空间分布有关，磁通密度梯度越大，临界电流就越大。用熔融织构生长工艺制备的 $YBa_2Cu_3O_{7-x}$ 系高温超导体就是这样一种强磁通钉扎和高临界电流的非理想第二类超导体。

当将一个永磁体移近 $YBa_2Cu_3O_{7-x}$ 超导体表面时，磁通线从表面进入超导体内，在超导体内形成很大的磁通密度梯度，感应出高临界电流，从而对永磁体产生排斥，排斥力随相对距离的减小而增大，它可以克服永磁体的重力，使其悬浮在超导体上方一定高度上；随后，当永磁体远离超导体移动时，在超导体中产生一负的磁通密度梯度，感应出反向的临界电流，对永磁体产生吸引，可以克服超导体的重力，使其倒挂在永磁体下方的某一位置上。

四、实验步骤及现象

实验时，首先把定位板放在轨道上，小车放在定位板上（定位板起限高作用，使小车活动时平稳），将液氮倒入小车内，浸泡超导体 3～5 分钟后，沿轨道长方向用手平推小车，给以初速度，小车即沿轨道运行，此时应把定位板拿走。小车可在轨道上运行几圈，待液氮挥发后，把轨道反转，小车仍沿轨道运行。

五、注意事项

1. 将液氮倒入小车内时应注意安全.
2. 演示时,沿水平方向轻推样品,速度不能太大,否则样品将沿直线冲出轨道.
3. 演示倒挂时,当样品运动一段时间后,由于温度升高,样品将失去超导电性而下落.所以在看到倒挂现象后,应随即将轨道反转回来,保护小车及车内超导样品,否则会掉到地上.

六、思考题

1. 为什么磁悬浮列车的运行速度高于高铁?
2. 磁悬浮列车悬浮在轨道上,如何对其提供驱动力?

实验三十四　激光琴

一、实验目的

1. 了解半导体的光导效应原理.
2. 通过琴声来演示光导效应.

二、实验仪器

图 7—34—1　激光电子琴实物装置

三、实验原理

在自然界中,有些物质一经光照射,其内部的原子就会释放出电子,使物体的导电性增加.原来电阻很大的材料,在光照下,电阻就会变得很小,这种现象叫作光导效应.用这种材料可以制成光敏元件,对电路进行光控.利用光学控制原理制作的激光琴,可使演奏者无须用手接触琴身就可演奏.演奏者用手遮住一束光,无弦琴就会发出声音,相当于拨动一根琴弦.经过不停地对光控制,可以"演奏"出不同的音阶和乐曲,同时可以按琴柱上的音乐选择按钮,改变无弦激光琴的音色.

实验装置上端的钢管里,分别放置了数个"模拟激光头",由它向下发射出数个激光光点,让其直射在下端的接收头上.当接收头内的光敏二极管在接收到光的照射后,其内电阻会发生变化,从而控制了接收扳的开通与关闭,通过接收扳的不同状态控制继电器的不同动作,从而操纵了电子琴的发声.操作不同音管的光电系统,就会让电子琴发出不同的音调.落地式激光琴是一种没有琴弦的琴,代替琴弦的是一束束激光光束.当你用手去遮挡光束时,激光琴会发出相应音符的声音,如弹奏不同琴键而发出不同音符的声音一样,十分有趣,引人入胜.

四、实验步骤及现象

1. 插上电源,打开电源开关,将有红外光束从下射向上方.
2. 通过音节控制台可以调整音节的高低.(从左到右依次增高)
3. 用手遮住红外光束将会发出相应的音符声.(最后两个为控制键,红光为停止键,蓝光为自动播放键)

五、注意事项

不要用眼睛直视激光头,否则会灼伤视网膜.

六、思考题

楼道的声光控开关的光取样器件是光敏电阻,简单阐述它是如何辅助电路完成声光控的.

实验三十五　穿墙而过

一、实验目的

1. 演示相互垂直偏振片对自然光的吸收效果.
2. 进一步认识光的横波性.

二、实验仪器

图 7-35-1 穿墙而过实物装置

三、实验原理

光的干涉和衍射显示了光的波动性,但是这些现象没有说明光究竟是纵波还是横波.光的偏振现象清楚地证明了光的横波性.这一点完全符合光的电磁理论预言,为光的电磁波理论提供了进一步的证据.

根据大学物理学中偏振光的相关知识,自然光透过偏振片后,光强减弱一半且变成线偏振光,偏振方向取决于偏振片的偏振化方向.如果该线偏振光继续透过检偏器后,其强度和偏振方向都遵守马吕斯定律.马吕斯定律的公式为 $I = I_0 \cos^2 \alpha$,其中 I_0 为入射的线偏振光的光强,I 为透射的线偏振光的光强,α 为入射偏振光的振动方向与检偏器的夹角.

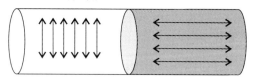

图 7-35-2 穿墙而过原理图

如图 7-35-2 所示,将圆筒分为两半,分别在其内侧安装了相互垂直的偏振片.由于自然光透过某一边偏振片后变成线偏振光,且偏振方向与另一偏振片的偏振化方向垂直,即 $\alpha = 90°$,所以根据马吕斯定律得 $I = I_0 \cos^2 90° = 0$.通过计算发现,这样的线偏振光无法继续透过与之垂直的另一偏振片,所以观察者想通过这一半圆筒观察另一半圆筒的场景时,会观察到类似于墙壁的"黑障".这只是光线被吸收的缘故,并不存在真实的物体,网球依然可以自由穿梭于圆筒内部.

四、实验步骤及现象

1. 仔细观察圆筒中间截面是否存在"黑障"现象.
2. 轻轻撬动圆筒,使筒内网球滚动,并试图穿过"黑障".

3.反复试验并体会其中的物理原理,加深对偏振光及其相关规律的理解.

五、注意事项

1.操作时力度要适中,避免损坏器材.

2.必须在自然光的环境下操作该实验.

六、思考题

1.如果从圆筒的一侧以较小的视角观察另一侧的场景,是否还能出现"黑障"现象?为什么?

2.司机佩戴的偏振光眼镜为什么能有效地减缓视觉疲劳?

3.为什么一些摄影师在拍摄特定角度画面时使用偏振光镜头?

实验三十六 辉光球

一、实验目的

1.演示辉光球产生绚丽辉光的神奇现象.

2.探究低气压气体在高频强电场中产生辉光的放电现象和原理.

二、实验仪器

图 7-36-1 辉光球实物装置

三、实验原理

在通常情况下,气体中的自由电荷极少,是良好的绝缘体.但在宇宙放射线、紫外线等某些外界因素的作用下,仍有少量气体分子可发生电离.在外电场的作用下,气体中的电子和离子向相反方向运动形成电流,称为气体放电.通常把气体放电分成两种类型:依靠外界作用维持气体导电,且外界作用撤除后放电即停止的,称为气体的被激导电;不依靠外界作用,在电场作用下能自己维持导电状态的,称为气体的自激导电.随着电压的升高,电子在外加电场的加速下,其能量超过中性原子电离电位时,电子的碰撞使其产生电离,新产生的电子与因碰撞丢失了能量的电子都被电场加速,在随后的碰撞中产生雪崩式碰撞电离,导致气体击穿,也称点燃,气体由被激导电变为自激导电.在气体自激导电时,往往伴有发声、发光等现象.气体被击穿后,由于气体的性质、压强、电极的形状和距离、外加电压以及电源的功率的不同,而可能采取辉光放电、弧光放电、火花放电及电晕放电等形式.

辉光球又称为电离子魔幻球.打开电源,发出辐射状的幽秘光芒,绚丽多彩,在黑暗中更是光芒四射,璀璨夺目.

辉光球采用高强度玻璃制成密闭透明球壳,在球内充有稀薄的惰性气体(如氩气等),玻璃球中心有一个黑色球状电极.球的底部放置一块振荡电路板,通以 12 V 的低压直流电,经振荡电路后转变为高频高压脉冲直流电加在中心电极上.此时雷达在中心电极与球壳之间产生极高的电势差,因此,在球中心的电极周围形成一个类似于点电荷的高频电场.

辉光球放电是球内低压气体在高频强电场作用下的自激导电.在气体分子发生激发、碰撞、电离、复合的过程中,分子的能级跃迁发出辉光.

在自然界中,极光就是一种辉光,是由太阳带电粒子流(太阳风)进入地球磁场,使高层大气分子或原子激发(或电离)而产生的.在地球南北两极附近高纬度地区的高空,夜间会出现美丽的极光.

四、实验步骤及现象

1. 打开电源开关,观察辉光球发散状的绚丽光芒.
2. 用手掌或指尖触摸辉光球,可见辉光在手与中心电极间变得更为明亮,产生的辉光弧线顺着触摸位置的移动而随之游动扭曲.
3. 用日光灯管靠近或接触辉光球,日光灯管将被点亮.
4. 实验结束后,关闭电源.

五、注意事项

请勿敲击玻璃球壳.

六、思考题

1. 当用手触摸辉光球时,球内的辉光弧线为什么会发生改变?
2. 靠近的日光灯管为什么会被点亮?

实验三十七　杨氏双缝干涉

一、实验目的

1. 观察杨氏双缝干涉现象,认识光的干涉.
2. 了解光的干涉条件及相干光源的获得方法.

二、实验仪器

图 7-37-1　杨氏双缝干涉实物装置

三、实验原理

1. 波的相干条件

若两列波具有相同的振动方向、相同的频率,有恒定的相位差,则这两列波在空间相遇处会发生干涉现象.对于光的干涉,通常是从同一光源中采用分波阵面法和分振幅法获得相干的两列光波.杨氏双缝干涉是通过双缝分割波阵面法来获得的相干光.

2.双缝干涉原理

如图 7-37-2 所示,使用氦氖激光光源 S 入射两个相距为 d 的狭缝 S_1 和 S_2. S_1、S_2 是由同一激光光源 S 形成的.具有同振动方向、同频率、同初相位的两个单色光源发出的两列光波,满足相干条件,因此,在较远的接收屏上就可以观测到干涉图样.设 d 为二狭缝的距离,D 为二狭缝平面到屏的垂直距离.$O'O$ 是狭缝 S_1、S_2 的中垂线,狭缝 S_1 和 S_2 到屏上任一点 P 的距离分别为 r_1、r_2,P 点到 O 点的距离为 x,$\angle PO'O=\theta$.由狭缝 S_1、S_2 发出的是同相光源,因此,两列光到达 P 点的相位差仅由光程差决定.由图中几何关系可得光程差为($D \gg d$,θ 很小)

$$\delta = r_2 - r_1 = d\sin\theta \approx d\,\mathrm{tg}\theta = \frac{d}{D}x \tag{1}$$

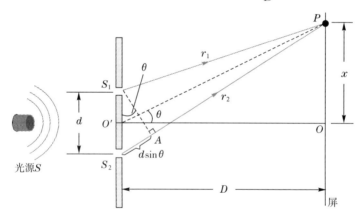

图 7-37-2 杨氏双缝干涉实验原理图

根据波动理论,同相相干波源干涉相长的条件,当两束光到达 P 点的光程差为

$$\delta = \pm k\lambda \quad (k=0,1,2,\cdots) \tag{2}$$

时,干涉极大,出现明纹,所以屏上干涉明纹中心的位置为

$$x = \pm k\frac{D\lambda}{d} \quad (k=0,1,2,\cdots) \tag{3}$$

式中 λ 为单色光波长,$k=0,1,2,\cdots$ 为干涉明纹的级数.$k=0$ 为零级明纹,$x=0$,位于 O 点,又称中央明纹.其他各级明纹相对中央明纹在两侧对称分布.

根据同相相干波源干涉相消的条件,当两束光到达 P 点的光程差为

$$\delta = \pm (k - \frac{1}{2})\lambda \quad (k = 0, 1, 2, \cdots) \tag{4}$$

时干涉极小,出现暗纹.所以屏上干涉暗纹中心的位置为

$$x = \pm (k - \frac{1}{2})\frac{D}{d}\lambda \quad (k = 0, 1, 2, \cdots) \tag{5}$$

式中 $k=1,2,3,\cdots$ 为干涉暗纹的级数,各级暗纹相对中央明纹在两侧对称分布.

由式(3)和式(5)可知,相邻明纹或暗纹中心的间距都为

$$x = \frac{D\lambda}{d} \tag{6}$$

由以上分析可知,屏上出现明暗相间的干涉条纹对称分布于中央明纹两侧.条纹间距 x 与入射光的波长 λ 及缝与屏间的距离 D 成正比,与双缝间距 d 成反比.

四、实验步骤及现象

1. 打开电源,将激光光束对准双缝,微调双缝位置,在屏上观察到清晰的干涉条纹.
2. 调节双缝在轨道上的位置,观察干涉条纹的变化.
3. 改变双缝的宽度,观察干涉条纹的变化.
4. 实验结束后,关闭电源.

五、注意事项

1. 改变双缝宽度的时候,动作要轻,以免损坏狭缝装置.
2. 避免激光光束直接照射到眼睛上.

六、思考题

1. 杨氏双缝干涉中影响干涉条纹间距的因素有哪些?
2. 如果换用白色普通光源,将如何观察到干涉条纹?干涉条纹又会是什么样的?

参考文献

[1] 肖苏.实验物理教程[M].合肥:中国科学技术大学出版社,2002.
[2] 赵青生.新编大学物理实验[M].合肥:安徽大学出版社,2009.
[3] 张志东.大学物理实验[M].北京:科学出版社,2007.
[4] 杜义林.实验物理学[M].合肥:中国科学技术大学出版社,2006.
[5] 李蓉.基础物理实验教程[M].北京:北京师范大学出版社,2008.
[6] 王维.大学物理实验[M].北京:科学出版社,2006.
[7] 贾起民.电磁学[M].北京:高等教育出版社,2010.
[8] 钱锋,潘人培.大学物理实验[M].北京:高等教育出版社,2005.
[9] 沈黄晋.物理演示实验教程[M].北京:科学出版社,2011.
[10] 余晓光.大学物理实验[M].北京:教育科学出版社,2011.
[11] 赵近芳,王登龙.大学物理学[M].北京:北京邮电大学出版社,2014.